核电站蒸汽发生器传热管许可管理

生态环境部核与辐射安全中心
宝银特种钢管有限公司 编著

中国原子能出版社

图书在版编目（CIP）数据

核电站蒸汽发生器传热管许可管理 / 生态环境部核与辐射安全中心，宝银特种钢管有限公司编著. -- 北京 : 中国原子能出版社，2024. 9. -- ISBN 978-7-5221-3602-8

Ⅰ. TM623.4

中国国家版本馆 CIP 数据核字第20246D8L27号

核电站蒸汽发生器传热管许可管理

出版发行 中国原子能出版社（北京市海淀区阜成路 43 号 100048）
责任编辑 徐 明
责任印制 赵 明
印　　刷 北京厚诚则铭印刷科技有限公司
经　　销 全国新华书店
开　　本 787 mm×1092 mm 1/32
印　　张 3. 625
字　　数 77 千字
版　　次 2024 年 9 月第 1 版 2024 年 9 月第 1 次印刷
书　　号 ISBN 978-7-5221-3602-8
定　　价 88. 00 元

编委会

主　　编： 王　岩

副 主 编： 庄建新　金　刚　沈　伟
邓　冬　庄卓俊　吴青松

参编人员： 郭彦辉　张发云　贺振宇
张　跃　洪　晨

前言

在核能发电这一高度技术密集且安全至上的领域，压水堆核电厂作为全球核能应用的主力军，其安全稳定运行始终是行业内外关注的焦点。蒸汽发生器作为压水堆核电厂一回路和二回路的枢纽设备，承担着将反应堆产生的热量传递给二回路介质以驱动汽轮机发电的关键任务。其中，传热管作为蒸汽发生器的核心部件，不仅数量庞大、结构精密，而且直接接触具有放射性的一回路冷却剂，其完整性与可靠性对防止放射性物质泄漏，保障环境安全与公众健康起着决定性作用。

在核电运行经验持续积累过程中，传热管在服役时发生了诸如磨损、耗蚀、减薄和损伤等现象，随着我国核电发展节奏加快以及核电技术的不断演进，对传热管失效模式较为系统梳理的时机已经成熟。本书通过科学、系统地整理蒸汽发生器传热管损伤机理研究，对于确保传热管长期可靠服役、核电厂持续稳定运行具有重要的现实意义。

本书系统梳理了美国核管会（NRC）早期开展的蒸汽发生器传热管完整性项目研究成果，这些项目基于大量实际运行数据与深入的试验研究，为理解传热管失效机理、评估风险水平提供了宝贵的一手资料。同时，本书以压水堆蒸汽发生器传热管失效风险为导向，广泛收集并分析了当前国内外在蒸汽发生器传热管领域的最新研究动态与实践经验，聚焦于国内外普遍关注的常见风险点，如特定材料在特定工况下的腐蚀行为等，力求全面呈现传热管服役的风险点。更为重要的是，本书立足我国民用核安全设备监管要求，详细阐述了我国现行的蒸汽发生器传热管许可管理方式。

然而，由于核能技术的复杂性与日新月异的发展态势，加之本书编写时间较为紧张，尽管我们投入了大量精力进行资料收集、整理与分析，但仍难免存在一些不足之处。部分内容可能未能涵盖最新的研究成果或行业动态，某些观点与结论也可能存在一定的局限性。在此，我们真诚地希望广大读者能够给予理解与包容，并欢迎各位专家、学者及业内人士提出宝贵意见与建议。我们将以开放的态度，持续关注行业发展趋势，不断更新完善相关内容，我们衷心希望本书在促进核安全和核能事业的可持续发展方面发挥积极作用。

编写组

目 录

1

引　言

2020年9月22日，习近平总书记在第七十五届联合国大会一般性辩论上向全世界郑重宣布，中国二氧化碳排放力争于2030年前达到峰值，努力争取2060年前实现碳中和。党的二十大报告明确提出，积极稳妥推进碳达峰碳中和。推进碳达峰碳中和是破解资源环境约束、实现高质量发展的内在要求，也是推动构建人类命运共同体的迫切需要。

碳达峰碳中和目标的提出，为包括核能产业在内的清洁低碳能源提供了新的发展机遇。自2022年以来，我国核电审批目前稳定保持在预期的8～10台/年的节奏。截至2023年4月，我国在建核电机组24台，总装机容量约2 681万kW，继续保持全球第一。商运核电机组54台，总装机容量5 682万kW，位列全球第三。核能发电的能量密度大，生产过程中几乎不产生碳排放。据测算，1台百万千瓦级核电机组全生命周期每发1度电实际温室气体排放量（CO_2当量）为11.9 g，低于太阳能光伏发电，与风电相当；年度发电量接近 80 亿 kW 时，相当于减少二氧化碳排放 640 万 t。同时，核电运行稳定、可靠、换料周期长，适用于电网基本负荷及必要的负荷跟踪，是当前乃至未来一段时间内唯一可以大规模替代化石能源的基荷电源。据计算，2022 年我国核能发电与燃煤发电相比，相当于减少燃烧标准煤近 1.2 亿 t，减少排放二氧化碳近 3.1 亿 t。

根据 2018—2023 年中国核电设备行业市场供需前景预测深度研究报告统计，截至 2022 年 2 月 28 日，全球在运核电反应堆共 439 座，其中采用压水反应堆技术的共 304 座，占比达到 69.3%，相较于 2017 年（65.2%），压水堆核电站占比提升约 4 个百分点。

压水堆核电站之所以能够成为国际上最广泛采用的商用核电堆型，得益于其功率密度高、结构紧凑、安全易控、技术成熟、造价和发电成本相对较低等特点。20 世纪 90 年代，美国和欧洲核电先进国家对今后建设的核电厂的安全、技术、经济性描绘了一系列具体的展望指标。各国也着手研发同时满足这些要求的第三代压水堆。其中有代表的有法、德合作开发的欧洲动力堆 EPR 和美国西屋公司研发的 AP1000。EPR 提出在未来压水堆设计中采用共同的安全方法，降低堆芯熔化和严重事故概率以及提高安全壳能力，从放射性保护、废物处理、维修改进、减少人为失误等方面根本改善运行条件；AP1000 则以全非能动安全系统、简化设计和布置以及模块化建造为主要特色。

中国核工业集团有限公司在 1999 年提出的百万千瓦级压水堆核电厂设计概念基础上，经过了十数年的研发和探索推出了我国具有自主知识产权的第三代压水堆核电堆型——ACP1000。中广核集团为满足自主知识产权的三代核电要求，在 30 余年引进、消化、吸收国外压水堆技术基础上，充分考虑我国装备制造业的现实情况，按照最新安全法规 HAF102 以及标准规范等相关要求，同时借鉴日本福岛核事故的经验反馈以及 AP1000、EPR 等先进设计理念，自主创新研发了三代核电品牌 ACRP1000＋。

2013 年 4 月 25 日，中国国家能源局主持召开了自主创新三代核电技术合作协调会，中广核和中核同意在前期两集团分别研发的 ACPR1000＋和 ACP1000 的基础上，联合开发“华龙一号”。2014 年 8 月 22 日，“华龙一号”总体技术方案通过国家能源局和国家核安全局联合组织的专家评审。专家组一致认为，“华龙一号”成熟性、安全性和经济性满足三代核电技术要求，设计技术、设备制造和运行维护技术等领域的核心技术具有自主知识产权，是目前国内可以自主出口的核电机型，建议尽快启动示范工程。

2015 年 5 月 7 日，中国自主三代核电技术“华龙一号”首堆示范工程——中核集团福清核电站 5 号机组正式开工建设，2021 年 1 月 30 日，“华龙一号”全球首堆中核集团福建福清核电 5 号机组投入商业运行。标志着我国在三代核电技术领域跻身世界前列，成为继美国、法国、俄罗斯等国家之后真正掌握自主三代核电技术的国家，我国核电技术水平和综合实力已跻身世界第一方阵，为建设核工业强国迈出了坚实一步。

蒸汽发生器是压水堆核电站中最大、最关键的部件之一。自 1961 年西屋公司制造的第一个商用压水堆核电站（位于马萨诸塞州罗维市）开始运行以来，直至 1981 年，有关学者提出了核设施蒸汽发生器的一系列问题，如振动、“微动”等机制导致蒸汽发生器退化（相邻表面的摩擦）、高循环疲劳、水锤、开裂、“损耗”（壁变薄）、“凹陷”（碳钢制成的管道支撑板腐蚀到蒸汽发生器管道达到挤压程度时发生的变形）和侵蚀腐蚀。上述问题的提出是基于1981年对在运行的78台压水堆核电机组中的蒸汽发生器出现的一系列问题的统计数据，经统计发现，有24台机组出现了管子凹陷，22台机组出现管子损耗，至少有5台机组在管板缝隙中出现了管子开裂，所有机组在U形弯管中都出现了管子破裂，至少有9台机组出现水锤。

单个蒸汽发生器传热管的故障排除通常需要核电厂长时间停运才能定位到出现问题的管子并将其堵塞。上述维护工作必须在辐射水平高且空间狭小的地方进行。此外，在一些电厂中，停用的传热管数量接近20%～25%的储备裕度，在此之后，需要逐步降低堵管比例或在必要情况下更换传热管管束。1980年有数据表明，在美国约有10座核电站的蒸汽发生器能否达到40年的设计寿命令人怀疑。至少有2家公用事业公司已经决定更换4台运行不满10年的机组中的蒸汽发生器。这些更换成本高昂（2～3亿美元/台，包括更换电力成本），还涉及大量辐射暴露，更重要的是，由于大面积的核电站停运，导致发电量大幅减少。据1996年美国电力研究机构（EPRI）关于世界范围内的226座正在运行的压水堆核电站蒸汽发生器问题的年度报告显示，其中41%的蒸汽发生器传热管需要被堵管。截至到1996年，全世界37座压水堆核电站中的105个蒸汽发生器因为蒸汽发生器传热管的严重降级而被替换，还有17座核电站的52根蒸汽发生器传热管将要被替换，而每座核电站替换蒸汽发生器的费用是1980年成本的10倍，即10～20亿美元之间。因此，了解传热管故障的机制并控制堵管比例，可以在工人的安全方面、经济发电方面和化石燃料节约方面获得潜在的高回报。尽管蒸汽发生器所有者及其承包商在解决这些问题方面取得了重大进展，但这项工作远未完成。仍然可以在提高蒸汽发生器的性能和可靠性方面建立健全技术基础，最终达到令人满意的效果。而当我们在讨论蒸汽发生器出现的问题时，无法避开一个非常关键的设备，那就是蒸汽发生器传热管。

2

压水堆蒸汽发生器的设计和材料

2.1 典型压水堆电厂的运行

压水堆的基本组成如图 2-1 所示。将二氧化铀芯块插入锆合金管中，形成直径约 1 cm、长 4 m 的燃料棒。反应堆的堆芯由燃料组件组成，每个组件有上百个燃料棒，这些燃料棒散布在控制棒移动的控制通道中。堆芯装在壁厚超过 20 cm 厚的不锈钢压力容器中。在反应堆主泵带动下，高压水穿过燃料棒之间的空间，以冷却它们并对裂变中子进行慢化。这些一回路水从反应堆堆芯吸收热量，并通过蒸汽发生器将热量传递给二回路冷却水。高温高压蒸汽通过与二回路相连的蒸汽轮机推动发电机进行发电。离开蒸汽轮机的低压蒸汽进入蒸汽冷凝器，在那里重新冷凝为水。冷凝后的水可以被泵送回给回路以完成循环。冷凝器需要大量的常温环境冷却水，这些冷却水通常来自冷却塔或通过其他方式获得。容纳压力容器和蒸汽发生器的安全壳同时起到防辐射和屏蔽的作用，并在系统发生放射性物质泄漏时起到保护作用。二回路中的水基本上没有放射性。

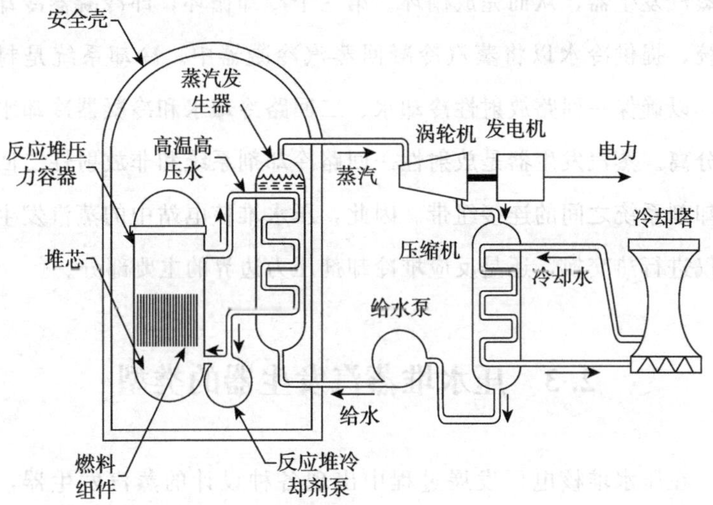

图 2-1　压水堆反应堆和发电系统的示意图

2.2　蒸汽发生器在压水堆中的作用

目前的所有大型水慢化核电站均通过蒸汽循环运行：核裂变产生的热量被用来将水转化为高压、高温的蒸汽。压水堆核电厂包含三个独立的冷却循环。第一个冷却循环由一回路冷却剂系统组成，该系统通过反应堆冷却剂泵将冷却水送入反应堆的堆芯。第二个冷却循环由大型热交换器（蒸汽发生器）、蒸汽驱动的涡轮发电机、蒸汽冷凝器、给水泵和相关管道系统组成。二回路冷却系统中的水在蒸汽发生器中沸腾，产生的蒸汽驱动涡轮发电机。蒸汽通过汽轮发电机后，在蒸汽冷凝器中冷凝为水。二回路冷却水通过给水泵返回蒸汽发生器，从而完成循环。第三个冷却循环，即冷凝器冷却水系统，提供冷水以将蒸汽冷凝回蒸汽冷凝器中。冷却系统是封闭的，以确保一回路放射性冷却水、二回路冷却水和冷凝器冷却水保持分离。蒸汽发生器是放射性一回路冷却剂系统和非放射性二回路冷却剂系统之间的连接纽带。因此，压水堆核电站中的蒸汽发生器不仅进行热交换，还是反应堆冷却剂压力边界的主要部分。

2.3 压水堆蒸汽发生器的类型

在压水堆核电厂发展过程中出现各种设计的蒸汽发生器，如Combustion Engineering（CE）和Kraftwerk Union（KWU）生产的其他各种类型的倒置U形管蒸汽发生等，由于不同生产供应商之间、旧设计和当前设计之间存在细节上的重要差异，基于目前商业运行的压水堆设计情况，将蒸汽发生器的基本类型分为两种——再循环型和直流型。在下面的讨论中，我们将以使用较为广泛的立式再循环类型的蒸汽发生器（西屋公司F型）和立式直流型蒸汽发生器（Babcock和Wilcox模型）为例进行说明。

2.3.1 再循环类型

再循环类型蒸汽发生器在饱和温度下产生干蒸汽。垂直的U形管装置如图2-2所示。

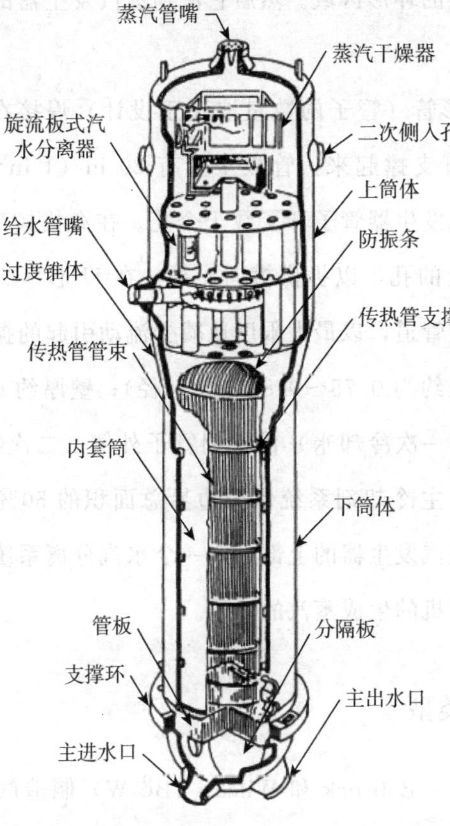

图 2-2 再循环类型蒸汽发生器的示意图（西屋公司 F 型）

来自反应堆的热冷却水通过一次冷却剂入口进入蒸汽发生器，并流入蒸汽发生器下部增压室的入口侧。然后，冷却水流经大量的 U 形管，最终到达蒸汽发生器下部增压室的出口侧，在那里通过主冷却剂出口离开蒸汽发生器。一块垂直隔板将入口和出口气室分隔开。二次冷却水通过给水入口进入蒸汽发生器，并通过给水环流入包装和外壳之间的环形区域。然后它流到蒸汽发生器的底部并向上通过管束区域。

数千根U形管（管子的数量取决于设计）焊接在管板上，U形管被格板垂直支撑起来，管板至少有20 in（1 in＝25.4 mm）厚，并针对蒸汽发生器管子开了数千个孔。在海拔较高的地方，U形管穿过管板上的孔，以提供横向支撑：在U形弯头区域，有时会将防振杆穿过管道，以最大限度地减少流动引起的振动。蒸汽发生器管道的外径约为0.75～0.88 in（外径）；壁厚约0.050 in。热量从管子内部（一次冷却水）传递到管子外侧（二次冷却水）。蒸汽发生器管道占主冷却剂系统保压边界总面积的50％以上。在U形管的上方、蒸汽发生器的上部，有一个水汽分离系统，用于提高输送到涡轮发电机的生成蒸汽的质量。

2.3.2 直流类型

图2-3显示了Babcock和Wilcox（B&W）制造的典型直流蒸汽发生器（OTSG），1981年，美国有9台带B&W蒸汽发生器的压水堆核机组在运行。在这种蒸汽发生器的设计中，大约16 000根直管被穿插于蒸汽发生器两端的管板之间。这些管的外径约为0.625 in，壁厚约为0.035 in。一次冷却水进入蒸汽发生器入口增压室，从上到下流经蒸汽发生器管，并通过蒸汽发生器出口充气室排出。二次冷却水通过蒸汽发生器给水管嘴进入，向下流经下降管段周围的空间，然后在管道周围流动。

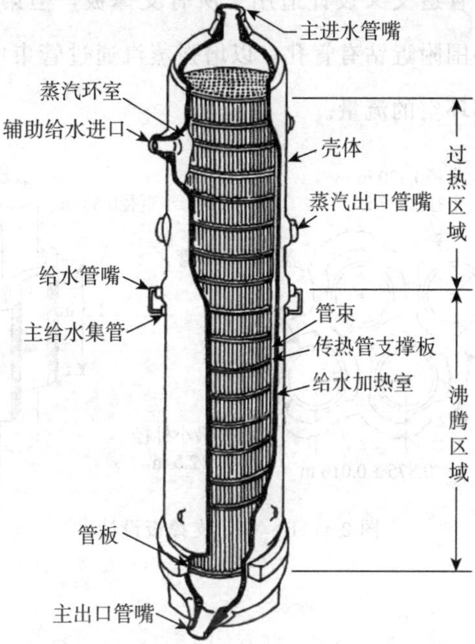

图 2-3　直流蒸汽发生器的示意图（巴布科克和威尔科克斯模型）

辅助给水通过位于蒸汽发生器上部区域的内部集管引入（图 2-3）。沸腾发生在管束上方约三分之二的地方。蒸汽区域（沸腾区域上方的区域）中的管道暴露在蒸汽中（与再循环类型的蒸汽发生器中的 U 形管不同，U 形管仍被水覆盖）。这个区域的蒸汽过热。在穿过上部管板附近的过热区域后，蒸汽流从垂直向上转变为径向向外，然后突然向下穿过壳体和挡板之间的环形空间。然后，蒸汽流经蒸汽发生器出口管嘴。管由管板垂直支撑，并由管支撑板限制其沿长度方向的水平移动（确切数量取决于设计，但通常为 15 或 16）。图 2-4 所示的支撑板—管道交叉设计适用于所有支撑板，但第 15 个支撑板的一部分在外围附近钻有管孔，以增强蒸汽通过管束中心并进入蒸汽发生器上部环空的流量。

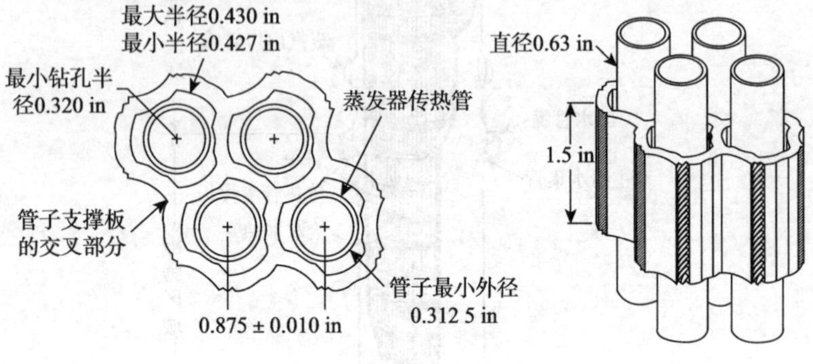

图 2-4　B&W 管支撑板设计

2.4　材　料

在压水堆发展的早期，较多种类材质的管子材料被使用过，包括 1Cr-1/2 Mo 钢、300 不锈钢等。其中蒸汽发生器传热管用 304 和 316 不锈钢在长期使用过程中存在多种形式的腐蚀损伤，其中以应力腐蚀破裂最为严重和普遍。针对传热管材料化学成分研究结果显示，Ni、Cr 和 Fe 元素及含量对传热管材料腐蚀行为具有重要影响。控制 Ni 含量在一定范围、较高 Cr 含量是降低材料在高温高压水溶液中发生应力腐蚀的有效措施。因此发展出了 Inconel600、Incoloy800 等合金。

在 20 世纪 70 年代以前，国际上一直普遍采用 Inconel600 合金作为压水堆核电站蒸汽发生器传热管的制造材料，但在 1971 年德国的奥布里希海姆核电厂蒸汽发生器热侧管板胀管过渡区首先发现了一次侧应力腐蚀（PWSCC），并预计在 U 形管弯头区也会发生，该核电厂的蒸汽发生器仅运行了 2 年，U 形弯头区也发生了泄漏。这一蒸汽发生器管子损坏成为该压水堆核电厂的致命缺陷。经 Tatone 的系统研究，最终发现应力腐蚀开裂是压水堆蒸汽发生器管子损坏的最重要原因，据 G. S. Was 报道，在美国被广泛用作核电厂蒸汽发生器传热管的 Inconel600 合金对晶间腐蚀和晶间应力腐蚀开裂具有高的敏感性，在其一次循环侧和二次循环侧都遭受到了严重的晶间开裂的危害。因此，自此之后，研究人员开始寻找具有更好抗应力腐蚀开裂的材料。通过大量的对比分析和研究试验，最终确定 Inconel690 合金可作为取代 Inconel600 合金作为压水堆核电站蒸汽发生器传热管的理想材料。法国电力公司和美国西屋公司均进行过相关试验，试验表明 Inconel690 合金相较于 Inconel600 合金具有较好的抗应力腐蚀性能，而 Inconel600 合金在较短试验时间即发生破损（见表 2-1）。

表 2-1　在纯水或一次侧介质中的应力腐蚀试验

介质		合金 690			合金 600		
		状态	时间/h	结果	状态	时间/h	结果
法国电力公司	纯水＋H_2 (0. 3 MPa) 360 ℃	工厂退火	12 000	未破	工厂退火	1 000/5 000	破
		热处理	12 000	未破	热处理	1 500/12 000	破

续表

介质		合金 690			合金 600		
		状态	时间/h	结果	状态	时间/h	结果
美国		工厂退火	14 000	未破	工厂退火	4 000	破（50%）
西屋	一次侧介质 360 ℃						
公司		热处理	14 000	未破	热处理	14 000	破（25%）

Inconel690 合金是一种含约 30%Cr 的奥氏体型镍基耐蚀合金，它不仅在含氯化物溶液和氢氧化钠溶液中具有比 Inconel600、Incoloy800、304 不锈钢等的优异抗应力腐蚀开裂能力，还具有高的强度、良好的冶金稳定性和优良的加工性能。特别是在各种类型的高温水环境中，其显示出了低腐蚀速率和优异的应力腐蚀开裂抗力。Inconel690 和 Inconel600 合金在成分上的差异主要在于 Cr 含量的不同，Inconel690 合金的含 Cr 量更大，因此，性能优异而成分并不复杂，是 Inconel690 合金的又一大优点。此外，Inconel690 合金还具有良好的焊接性能。可用于该合金的焊接材料包括适用于屏蔽金属极电弧焊的 Inconel182 焊条、适用于气体保护焊的 Inconel82 填料金属，对于要暴露于高腐蚀环境和硝酸/氢氟酸混合液中的焊接接头，应采用 Inconel112 电焊条和 Inconel625 填料金属。关于 Inconel690 合金的冶炼工艺，在法国标准 M4105 零件采购技术规范用于压水堆蒸汽发生器管道的无缝镍－铬－铁合金（NC30Fe）钢管中规定："合金用电炉冶炼，或用其他技术上相当的冶炼工艺冶炼，""这种金属可用电渣或真空炉重熔"，为了满足核电厂对材料质量和性能越来越高的要求，该合金已普遍采用控制

纯洁度，尤其是控制硫元素超低含量的冶炼工艺，这正是获得加工性能优异、使用性能优良的合金的关键所在。Inconel690 合金的深度热成形温度范围为 1 040～1 230 ℃，轻度成形可在 870 ℃以下温度进行。其冷成形过程中的行为类似于 Inconel600 合金。但是 Inconel690 合金需要稍高一些的加工压力，其加工硬化率类似于 AISI304 型不锈钢和 Inconel600 合金，通常按照适用于高镍合金的传统工艺进行制造。基于生产制造参数的保密原由，国外文献中涉及工业生产及有关工艺参数的公开报道极少，而这些正是国产化中的关键问题。

2.5 管子与管板接头的设计

在旧的设计中，管子连接到管板的方法会造成在二次侧的管子和管板之间产生缝隙，在缝隙中会产生侵蚀性溶液。而后设计人员改进了设计，将管子插入至管板中，进而消除了缝隙，但是将管子扩展到管板中的方法也会增加腐蚀风险，因为在管子中产生的残余应力大小将影响应力腐蚀开裂（SCC）的易感性。机械轧制可产生高残余应力，而通过爆炸或静态液压进行的胀管已被证明是优越的，现在已成为设计的标准做法。

2.6 支撑板的设计

图 2-5 显示了支撑板的各种设计：钻孔型支撑板、三叶孔板、栅格支撑板、梅花孔支撑板。钻孔型支撑板类型的引发了较多问

题，会在后面进行讨论。其他设计在运行中都比钻孔板更可靠、更灵活。

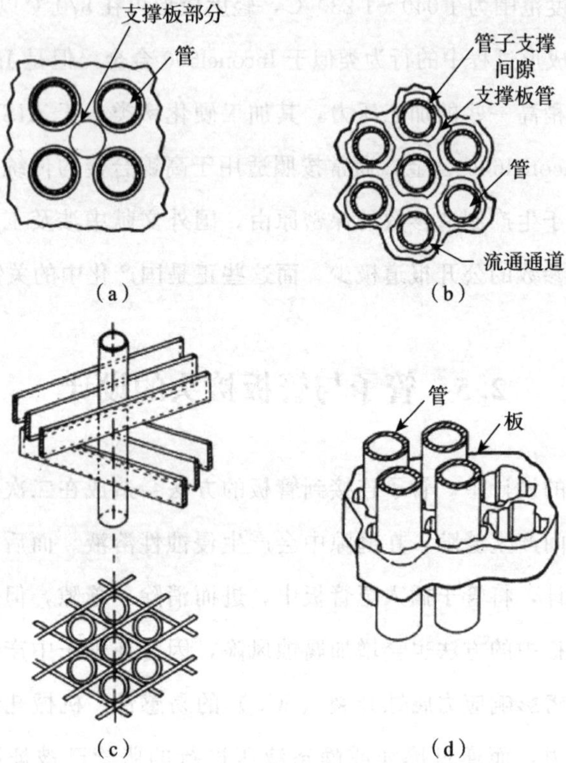

图 2-5　管支承板的设计

(a) 钻孔型支撑板；(b) 三叶孔板；

(c) 栅格支撑板；(d) 梅花孔支撑板。

3

美国NRC蒸汽发生器传热管完整性项目

美国NRC在1979年和1988年分别以管理文件的形式发布了蒸汽发生器传热管完整性项目第一阶段和第二阶段研究报告，报告中给出了具有机械缺陷压水堆蒸汽发生器传热管在运行和事故条件下的失效预测边界以及具有化学腐蚀缺陷蒸汽发生器传热管压力测试和无损检验表征结果。

3.1 具有机械缺陷传热管的失效预测边界试验

该试验在巴特尔太平洋西北实验室进行，由核管理委员会（NRC）的反应堆安全研究部门下属的冶金与材料分支赞助。本项研究是调查缺陷压水反应堆（PWR）蒸汽发生器管道的行为特性项目的组成部分，这项计划被称为蒸汽发生器管道完整性（SGTI）计划。

SGTI计划的必要性源于对大量数据的需求，这些数据将作为许可决策的基础。目前可用的数据量有限，且主要由蒸汽发生器供应商提供。这些数据并非在模拟的 PWR 环境中产生，因此存在不一致性，这使得它们的可信度受到质疑。为了对在役检查结果进行有意义的解读，需要更可靠的数据。蒸汽发生器管道完整性计划的主要目标是建立一个庞大的数据库，以协助 NRC 履行其在 PWR 蒸汽发生器方面的许可职责。

美国蒸汽发生器的设计和分析是按照美国机械工程师协会 (ASME) 锅炉与压力容器规范（B&VP）第三节进行的。在许多地方，NRC 的监管指南都提到了第三节以及 ANSI 关于核电站的标准。包括蒸汽发生器在内的所有发电厂组件都必须设计成能够承受各种事故情况。对于蒸汽发生器来说，这些事故情况包括：

①LOCA（冷却剂丧失事故）；

②MSLB（主蒸汽管线破裂）；

③SSE（安全停机地震）。

LOCA 和 SSE 在设计时通常会与任何事故分析的设计压力相结合考虑。

压力测试包括爆破、坍缩、膨胀、泄漏率和循环疲劳测试。此外，为协助实施监管指南 1.83，所有机械缺陷管都使用单频涡流技术进行了检查。通过这种方式，可以将涡流检查的结果与压力测试数据相关联，以更好地评估当前的封堵标准。

3.1.1 爆破和塌缩试验

进行爆破测试是为了允许在运行和爆破模式事故条件下对缺陷管道的故障裕度进行预测。蒸汽发生器中的正常运行条件因设施而异，但通常温度范围在 500～650 ℉，一次回路压力为 1 500～2 400 psig（1 psig=6 894.8 Pa）。典型的二次回路压力为 1 000 psig。在主蒸汽管道破裂（MSLB）期间，二次压力可能降至几乎为零，导致内部压力差大致等于一次回路运行压力。这是蒸汽发生器管道最可能发生的爆破模式事故。进行坍缩测试是为了允许在坍缩模式事故条件下对缺陷管道的故障裕度进行预测。在冷却剂丧失事故（LOCA）期间，一次压力理论上可能降至几乎为零，导致外部压力差大致等于二次回路运行压力。这是蒸汽发生器管道最可能发生的坍缩模式事故。这些是期望进行安全裕度预测的条件。

测试中使用的缺陷几何形状是根据 PWR 蒸汽发生器中已知或预期的缺陷来选择的，包括电火花加工（EDM）槽、椭圆状磨损、椭圆状磨损加穿壁槽、均匀变薄、凹陷、凹陷加均匀变薄以及凹陷加椭圆状磨损。所有这些缺陷都设置在代表当前 PWR 蒸汽发生器使用的管道中。在模拟 PWR 蒸汽发生器的化学和热环境中，使用高压釜装置进行了爆裂和塌陷测试。

蒸汽发生器管道完整性项目中使用的所有管道都是 Inconel 600，代表了当时在压水反应堆蒸汽发生器中使用的材料。所有第一阶段和第二阶段的管道都是从宾夕法尼亚州布莱尔斯维尔的西屋电气获取的，并按照西屋电气当时（1976 年）的规格制造。检查了四种尺寸的管道：0.875 in×0.050 in、0.750 in×0.050 in、0.750 in×0.043 in 和 0.625 in×0.034 in。除了一种尺寸的管道外，所有其他尺寸的管道均由同一金属热处理和工艺批次制造。获取了三种不同热处理的 0.875 in×0.050 in 管，这些管具有不同的强度（屈服强度和极限强度）水平，并对每根管道进行了超声波、静水压和涡流测试。

每批管道到货后，都会在每根10 ft长的管道上刻上识别号，并对所有管道进行基线超声波和涡流检查。超声波检查包括每根管道的详细检查。对所有接收到的管道进行了全长螺旋扫描。此外，还在管道有缺陷的位置对整根管道的整个圆周进行了全面检查。在这些位置，测量并记录了最大和最小内径、外径、壁厚以及内径和外径椭圆度、偏心度。此外，还将整根管道的原始超声波数据记录在条形图上，以供进一步参考。标记了最小壁厚的位置，以便防止缺陷。

基线检查完成后，选择管道作为试样。为确保试样在加工前尽可能均匀，仅选用在基线超声波或涡流检查中未显示任何异常迹象的管道。每根10 ft长的管道被切割成10个试样，每个试样上都刻有识别号。该识别号包含指定试样来源的热处理批次、管道和管道位置的信息。在管道两端放置了参考钻孔，并记录了每个试样最小壁厚标记与参考孔之间的关系。从每个需要制造缺陷的试样中取出一个1 in长的环形试样。环形试样上也刻有识别号，用于硬度和环形拉伸试验。从每个热处理批次中选出5个试样进行ASTM管道拉伸试验。

在第一阶段中使用了7种基本缺陷。这些几何形状模拟了压水反应堆蒸汽发生器中已知或预期的缺陷。这些缺陷几何形状包括电火花加工（EDM）槽、椭圆形损耗、椭圆形损耗加贯穿壁的电火花加工槽、均匀变薄、凹陷、凹陷加椭圆形损耗，以及凹陷加均匀变薄。

均匀变薄缺陷，如图 3-1 所示，被选为代表一种普遍的损耗类型缺陷。这个缺陷是在车床上加工的。在加工过程中，管道内部受到支撑，以防止内表面发生变形。测试了长度为 3/16 in、3/8 in、3/4 in 和 1 1/2 in 的缺陷。深度为 25%～30%、55%～60%和 75%～80%。端部的半径大约为 1/16 in。加工完成后，所有均匀变薄缺陷都经过蚀刻处理，以去除任何表面冷加工效果，并用硅橡胶复制。

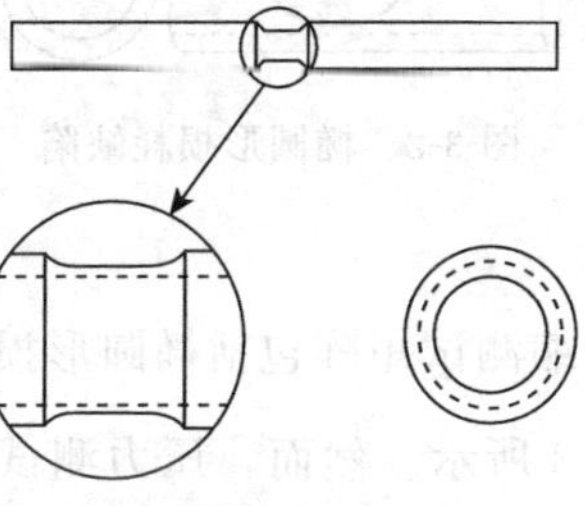

图 3-1　均匀变薄缺陷

如图 3-2 所示，椭圆形损耗缺陷是使用特制刀具加工的。缺陷的几何形状完全由刀具的半径、缺陷的深度和包角决定。选择椭圆形损耗缺陷作为可能发生的损耗类型缺陷的代表，例如，在管支撑板附近可能发生的损耗。椭圆形损耗缺陷的深度范围在 25%～30%、55%～60%和 85%～90%之间。测试了包角为 0°、45°和 135°的缺陷。使用了半径为 6 in、12 in 和 24 in 的刀具。通过选择合适的刀具半径和缺陷深度组合，可以产生大约 1 1/2 in 长的缺陷。每次加工完椭圆形损耗缺陷后，都会对表面进行蚀刻处理，以去除任何冷加工的表面效果。所有椭圆形损耗缺陷也都使用硅橡胶进行了复制。

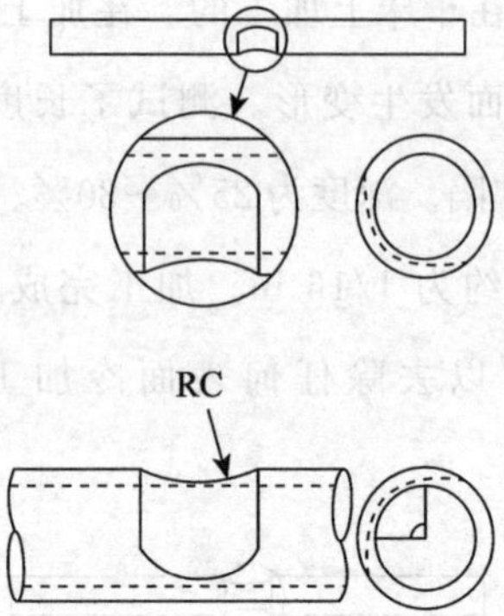

图 3-2　椭圆形损耗缺陷

最初的爆破和坍缩测试矩阵包括椭圆形损耗加贯穿壁的电火花加工槽缺陷，如图 3-3 所示。然而，压力测试设备无法维持贯穿壁缺陷的压力，因此这种类型的缺陷没有发生爆破或坍缩。

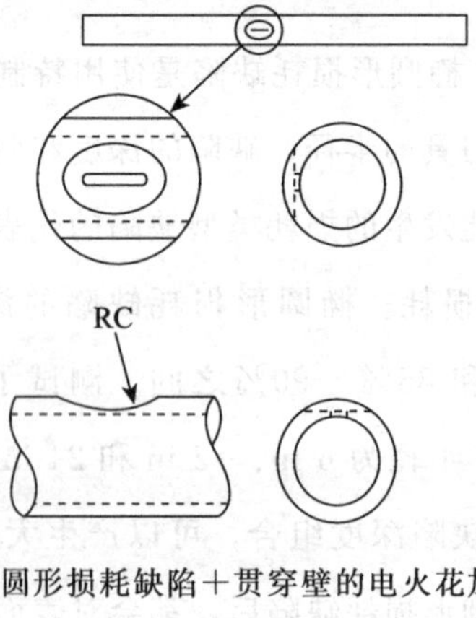

图 3-3　椭圆形损耗缺陷＋贯穿壁的电火花加工槽缺陷

电火花加工槽被选为通过机械方法可获得的紧密裂纹的最佳模拟。这种缺陷几何形状如图 3-4 所示。测试的槽口长度分别为 1/4 in、1/2 in 和 1 1/2 in。槽口的深度指定在 25%～30%、55%～60%和85%～90%的范围内。由于电火花加工过程的特性，保持极小的公差会非常昂贵。因此，公差被设定在合理范围内，重点放在了准确复制加工后的尺寸上。所有缺陷都使用特殊硅橡胶进行了复制。通过这种方式，可以在不增加不必要的加工成本的情况下检查缺陷几何形状的影响。槽口的最大宽度 0.003～0.010 in 不等。端部的半径名义上为 0.01～0.02 in。电火花加工过程产生的槽口在顶部较宽，在根部最窄。一般来说，电火花加工槽越深，槽口顶部就越宽。几个槽口，尤其是较长的那些，在其长度上具有不同的槽口宽度。这些变化对爆破和坍缩测试结果的影响应该非常小。一些槽口在其长度上也具有不同的槽口深度。这些变化在最差的试样中通常为 0.001～0.003 in。这些变化可能对爆破结果有影响，并可能是导致一些数据离散的原因。

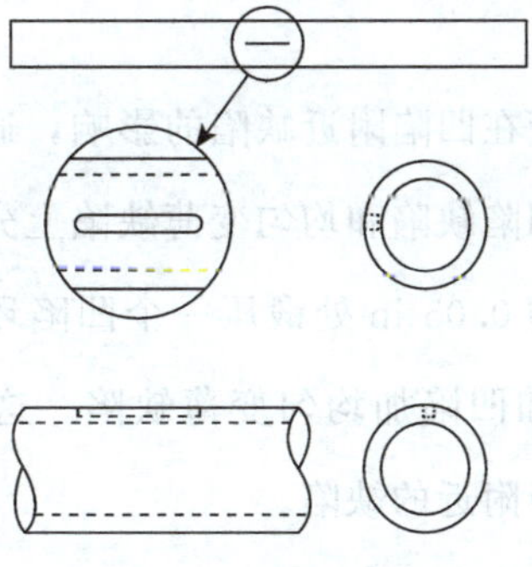

图 3-4　电火花加工槽缺陷

一些压水反应堆蒸汽发生器的一个主要问题是管支撑板上的管子凹陷。在这些情况下，凹陷是由于从磷酸水处理过渡到全挥发处理（AVT）造成的。在管子/管支撑环隙中残留的磷酸盐（改用AVT后）和因冷凝器冷却水泄漏而出现的氯化物，导致碳钢管支撑发生腐蚀。产生的腐蚀产物体积足够大，可以对管子施加压力，使其直径减小，从而在局部造成管子凹陷。为了模拟这种凹陷，使用了热锻压在管子上形成的碳钢环，如图3-5所示。环的厚度为3/4 in，以模拟管支撑板的厚度，名义凹陷深度为0.04～0.05 in。

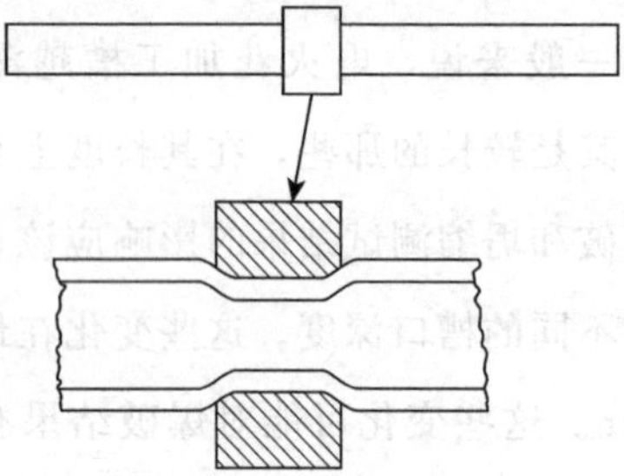

图3-5　凹陷缺陷

为了研究管子壁在凹陷附近缺陷的影响，通过在凹陷缺陷和椭圆形损耗缺陷以及凹陷缺陷和均匀变薄缺陷上先加工缺陷，然后在加工缺陷的末端大约0.05 in处锻压一个凹陷环，从而制造出凹陷加椭圆形损耗缺陷和凹陷加均匀变薄缺陷。这些缺陷的组合被选中，以代表管支撑板附近的缺陷。

机加工试样从供应商返回后，对缺陷尺寸进行了抽查。使用与基线涡流检测相同的方法，对所有缺陷试样进行了单频涡流检测。

在对缺陷进行涡流检测后，在每个管试样上焊接了端接件。对于爆破、膨胀和泄漏率试样，一端焊接了一个由 304 不锈钢制成的塞子，另一端焊接了一个经过改装的 316 不锈钢高压耦合器。耦合器的自由端提供了一个坚固的高压接头，可以在不损坏管试样的情况下拧紧。进行了初步试验以评估端接件对爆破结果的影响。结果表明，对于缺陷位于管中部的 11 in 长试样，端接件的影响可以忽略不计。所有爆破试样均未在端接件或焊接区域失效。对于坍缩试样，管的两端都焊接了一个由 304 不锈钢制成的塞子。其中一个塞子是实心的，而另一个塞子上有一个孔，孔内焊接了一段高压管。这段高压管用于连接到高压釜组件中的高压线路。

蒸汽发生器中的正常运行条件因设施而异，但通常温度在 550 ℉（1 ℉＝17.2 ℃）和 620 ℉之间，主回路压力约为 2 200 psig。次回路压力通常约为 1 000 psig。在主蒸汽管线破裂事故期间，次回路压力可能降至几乎为零，导致管内部压力差大约等于主回路工作压力。这是蒸汽发生器管最严重的可信爆破模式事故。因此，需进行爆破测试。在冷却剂丧失事故中，主压力可能降至几乎为零，导致管外压力差大约等于次回路压力。这是蒸汽发生器管最严重的可信坍塌模式事故。因此，需进行坍缩试验。

爆破和坍缩试验在高压釜组件中进行，具体设置如图 3-6 所示。管（或一次侧）和高压釜（或二次侧）的加压使用化学模拟压水反应堆蒸汽发生器给水的水进行。初始供水通过冷凝厂内蒸汽，然后经过阴离子－阳离子交换树脂床进行处理。

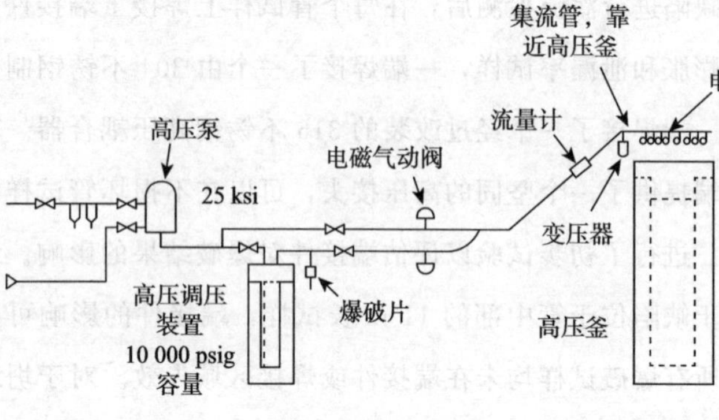

图 3-6　爆破试验中的二回路高压装置系统

在爆破试验中，高压釜及其装载的管子同时用水加压至 2 250 psig（磅每平方英寸表压）。当温度升高至 600 ℉时，系统保持在此压力下，直到试样达到热稳定。随后，二次侧的压力降低至 1 000 psig。此时，试样所处的环境与典型压水反应堆蒸汽发生器中的温度、压力和水化学环境相同。一次侧的水处于液态，而二次侧的水处于气态。每个试样依次以每分钟 1 000～2 000 psig 的速率进行内部加压，直至失效。

对于缺陷深度大于 80％的试样，在一次侧压力增加之前，二次侧的压力并未降至 1 000 psig。对于这些缺陷中的部分缺陷，爆破压力低于正常操作压差，并且在二次侧减压过程中会发生失效，因此无法确定确切的失效压力。这意味着这些试样在一次侧和二次侧都使用液态水进行爆破，而不是在二次侧使用蒸汽。然而，我们认为二次侧水的相态对爆破压力没有显著影响。

试验结束后，为每个试样拍摄了照片，以便进行试验后的金相记录。基线管特征数据表、缺陷制造信息表、压力试验数据表和试验后照片包含了与试样相关的所有信息，并构成了每个试样的质量保证文件。

管壁厚度与管径之比在很大程度上决定了管壁中的应力。由于内部压力的作用，管材变形，壁厚减小，内径增大。因此，管壁中的应力非常依赖于材料的应力—应变特性。两个重要的参数是极限强度和总伸长至失效。对于具有相同材料性能的管材，管壁越厚，爆破压力越高。与材料性能相关的变量以非常复杂的方式相互作用，以确定爆破压力。

均匀减薄缺陷有两个对爆破压力有显著影响的尺寸，即缺陷深度和缺陷长度。第三个缺陷尺寸，即减薄区域与未减薄区域之间的端部半径，对爆破压力的影响非常小。这个半径不足以显著影响减薄区域与未减薄区域之间的桥接，但也不是小到足以引入大的应力集中。所有均匀减薄缺陷均未在端部半径处失效。对于固定深度的缺陷，缺陷的长度在确定爆破压力方面起着非常重要的作用。缺陷越长，爆破压力越低。如果均匀减薄区域非常长，那么其爆破压力将相当于具有与缺陷减薄区域相同壁厚和外径的未检测到缺陷管材的爆破压力。似乎 1 1/2 in 长的缺陷长度已经足够长，可以认为是无限的。对于长度小于 1 1/2 in 的缺陷，由于减薄区域在内部压力作用下扩展，部分载荷转移到未减薄区域，这有助于加强减薄区域，因此随着缺陷长度的减小，爆破压力会增大。由于除极短且深的缺陷外，管材中最大的应力是环向应力，因此，根据缺陷长度的不同，管材未减薄部分在缺陷末端附近所承受的环向载荷量也会有所不同。

椭圆形损耗缺陷有三个决定缺陷几何形状的维度，分别是缺陷深度、包裹角和切割器半径。选择切割器半径是为了使缺陷的长度大约为 1 1/2 in。实际缺陷长度在 0.97～2.05 in 变化。椭圆形损耗缺陷的长度对爆破压力的影响微乎其微。测试了三种不同的包裹角，分别是 0°、45°和 135°。包裹角对爆破压力的影响也微乎其微。虽然周围未检测到缺陷的管材可能像对均匀减薄缺陷那样加强了缺陷区域，但其影响较小。这些影响的大小可能小于由于材料属性或管材尺寸变化引起的离散度。对于具有 135°包裹角的试样，在椭圆形损耗的末端附近，裂纹有轻微转向。这可能在裂纹开始扩展之后发生，并且不影响爆破压力。此外，缺陷越深，开口越短越窄。这是因为较深的缺陷具有较低的爆破压力。因此，管材中储存的能量较少，无法使裂纹扩展。

与均匀变薄和椭圆形损耗数据相比，电火花加工槽数据中的离散程度更大。这是由于电火花加工槽样本的均匀性存在更大的变化。一些电火花加工槽样本具有相当直的壁面和平坦的底部。然而，一些槽的宽度和深度在长度上并不均匀。虽然槽宽度的变化可能不会对爆裂压力产生太大影响，但深度的变化可能是造成离散程度的主要原因。槽深度的变化特征为 0.001～0.003 in。计算缺陷降级时，是基于最大复制的缺陷深度。同时，尽管已经小心复制了最大槽深度，但可能仍无法确定最大深度。与均匀变薄缺陷一样，在确定爆裂压力时，缺陷长度和缺陷深度之间的相互作用是存在的。对于固定的深度，随着槽长度的增加，爆裂压力应接近渐近值。随着缺陷深度的增加，爆裂压力降低。对于较短的槽长度，通过数据绘制的曲线不一定会经过100%降级和0 psi爆裂压力的点。对于较短的槽，直到槽端部的管壁上发生一些塑性变形后，槽根部剩余的韧带才可能失效。在槽端部的材料发生塑性变形之前，剩余的韧带只能承受有限的伸长。如果壁内槽可以通过内部加压，那么在压力足以使槽端发生塑性变形之前，槽的加宽将是最小的。因此，在剩余的韧带被拉伸到与材料失效时的总伸长量相关的程度之前，韧带不会失效。对于较长的槽，当槽端仍然处于弹性状态时，槽中心的加宽可能就足以使韧带失效。

凹陷样本是通过热锻压将碳钢环压在管子上制备的。钢环的厚度为0.75 in，以模拟管支撑板的厚度。名义凹陷深度为0.04～0.05 in。钢环的端面半径为0.125 in。钢环并没有显著降低管子的爆裂压力。由于钢环在管子因内部压力膨胀时倾向于约束管子，因此它应该强化管子。所有凹陷样本均未在钢环处失效。这些样本的失效都发生在钢环和端接头之间的某个位置，且失效情况与未检测到的管子相似。钢环的存在倾向于增加爆裂压力，特别是对于较短的均匀变薄区域。这是因为钢环倾向于强化均匀变薄区域的一端，这类似于缩短变薄区域，如前所述，变薄区域越短，爆裂压力越高。随着变薄区域长度的增加，凹陷缺陷的爆裂压力接近无凹陷缺陷的爆裂压力。由于使用经验关系预测无凹陷环的均匀变薄缺陷的爆裂压力将为凹陷加上均匀变薄缺陷提供保守的结果，因此没有建立额外的经验关系。

对于预测椭圆形损耗爆裂压力的经验关系，也适用于凹陷加椭圆形损耗缺陷。

结论：由于无缺陷的 PWR 蒸汽发生器管子的爆裂压力非常高，即使缺陷深度达到壁厚的80％，其爆裂压力也高于主蒸汽管线破裂时的压力，后者是最严重的爆裂模式事故条件。通过对电火花加工槽、均匀变薄和椭圆形损耗缺陷的爆裂压力进行最小二乘法拟合，已经建立了经验关系。由于对于没有凹陷环的缺陷所建立的关系可以令人满意地使用，因此没有为包含凹陷的缺陷几何形状推导经验关系。将要证明的是，机械缺陷管子的关系可以用于预测实际 PWR 蒸汽发生器中发现的实际缺陷的爆裂压力。

对于许多电火花加工样本，坍缩的起始似乎并未发生在缺陷处。这证实了观察结果，即电火花加工槽的存在对管材的坍缩影响很小。对于 0.25 in 和 0.5 in 槽，其坍缩压力与未检测到的坍缩压力相比几乎没有变化或没有变化。除了 0.625 in 管材外，0.25 in 和 0.5 in 槽的坍缩压力无法与未检测到的坍缩压力区分开来。0.625 in 管材中的 0.5 in 槽显示出坍缩压力的微小降低。对于 1.5 in 槽，深度为 25％～30％的槽的坍缩压力并未明显降低。

均匀减薄试样坍缩数据趋势是，缺陷越长越深，坍缩压力就越低。尽管试样在坍缩状态下会泄漏，但其坍缩压力远高于 LOCA 期间的压力。对于可能导致破裂的缺陷，管材并未像无缺陷管材那样被压平。当这些缺陷坍缩时，缺陷在圆周上的几个位置被向内推压。这可能是由于圆周方向和纵向的压缩应力共同作用的结果。

椭圆形损耗坍缩数据总体趋势是，缠绕角度越大，坍缩压力越低。然而，缠绕角度对坍缩压力的整体影响较小。对于深度为

25%～30%的缺陷，坍缩压力的降低幅度为14%～24%。对于深度为55%～60%的缺陷，降低幅度为36%～53%，而对于深度为85%～90%的缺陷，降低幅度为45%～59%。

所有机械缺陷试样的坍缩压力均高于LOCA期间可能经历的压力，而LOCA是最严重的可信坍缩模式事故工况。由于任何基于爆破数据制定的适当堵塞准则在坍缩角度看来都将是保守的，因此没有推导出用于预测坍缩压力的经验关系。

3.1.2　泄漏率试验

正常运行压力下的主到次泄漏率限制应在电厂技术规格书中规定，并应小于从允许的最大单一纵向裂纹中理论上或实验上确定的泄漏率。此外，如果具有特定泄漏限制的贯穿壁裂纹发生在具有正常壁厚的管壁上，或发生在先前因损耗而减薄的区域中，那么在假定的事故工况下，它们不应传播并导致管子破裂。泄漏率试验的目的是建立用于确定在上述准则下允许的最大贯穿壁裂纹长度的数据。试验装置示意图如图3-7所示。在泄漏率试验装置中，管子内部通过来自高压釜的600 ℉水进行加压，高压釜作为加热加压储液器，并通过使用氦气过压维持在3 000 psig。管子通过流量调节阀和流量计进行加压。随着通过打开流量控制阀增加试样压力，直至达到系统最大容量，使用数据记录器每秒记录每个试样的泄漏率、压力和温度。由于通过狭缝的临界流量应在约1 000 psig压差时达到，因此，对于高于1 000 psig压差的流量增加将表明裂纹的扩大或延长。

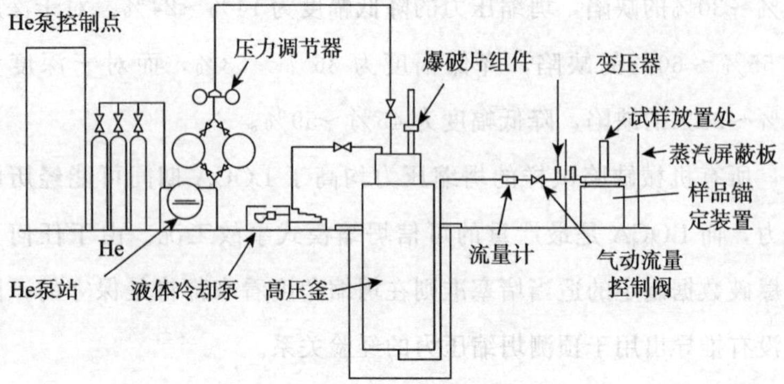

图 3-7 泄漏率试验装置系统

泄漏率试样的结果有两种类型。要么狭缝变宽，要么不变。对于那些没有变宽的试样，测试后狭缝没有明显的塑性变形。此外，对于压力差高于 1 000 psig 的情况，流量也没有明显的增加。对于在测试过程中变宽的试样，测试后狭缝有明显的塑性变形。随着压力的增加，流量也有显著增加。流量增加表明狭缝开始变宽。由于压力的增加不易控制，因此压力出现了较大的跳跃。

膨胀测试

除了泄漏率测试外，还进行了膨胀测试，以获取有关鱼嘴状变形现象的数据。膨胀测试包括对有贯穿壁狭缝的管子进行内部加压。管子内部的氯丁橡胶气囊用于对管子进行加压。测试的狭缝长度分别为 0.25 in、0.5 in 和 1.5 in。使用的两种管径分别是 0.875 in×0.050 in 和 0.750 in×0.043 in。在试样上放置了一个用于检测局部变形的网格，使用感光乳剂制成。试样在室温下用水加压，直到气囊破裂。对每个试样都拍摄了显示狭缝、内部压力和经过时间的录像带。

在内部压力高到足以使狭缝变宽之前，氯丁橡胶气囊必须跨越狭缝的0.003～0.004 in的宽度，并起到水封的作用。管子支撑着气囊。然而，随着狭缝开始变宽，氯丁橡胶气囊不再受到支撑，开始通过狭缝挤出，并很快破裂。狭缝的变宽是由狭缝周围的塑性变形引起的。破裂时的压力可能是显著塑性变形开始的良好指标。

膨胀测试的结果显示，由于膨胀压力与材料的屈服强度和狭缝长度有关，因此应该能够以无量纲的形式表示膨胀压力与狭缝长度之间的相关性。通过将膨胀压力除以使无缺陷管子屈服所需的压力，实现了膨胀压力的无量纲化。长度的无量纲化与用于建立爆破数据经验相关性的方式类似。

对于特定的缺陷几何形状，可以对膨胀测试数据和泄漏率数据进行比较。

对于泄漏率测试，这种大小的狭缝在1 200～1 580 psig开始打开，两个结果之间的差异超过了两倍。这种差异有两个原因。首先，膨胀测试是在室温下进行的，而泄漏率测试则是在大约600 ℉的温度下进行的。由于狭缝的变宽取决于管子的屈服强度，因此屈服强度随温度的变化会产生影响。结果差异的第二个也是主要原因在于，泄漏率数据代表狭缝变宽的起始。由于狭缝相对较窄，狭缝宽度的微小变化会导致流速发生非常明显的变化。

然而，在膨胀测试中，数据代表的是狭缝已经变宽到足以让氯丁橡胶气囊挤出的压力。这需要发生大量的塑性变形。

泄漏率和鼓胀测试结果：泄漏率和鼓胀测试的其中一个目的是确定何时由于内部压力的作用，贯穿壁面的狭缝会开始变宽。鼓胀测试的结果用途有限，因为获得的失效压力对应于氯丁橡胶气囊的破裂，这仅在狭缝已经变宽到一定程度之后才会发生。在这方面，泄漏率测试的结果更为理想，因为所确定的压力是狭缝最初开始变宽时的压力。然而，无法确定确切的狭缝变宽压力，只能获得近似压力范围。

3.2 具有化学腐蚀缺陷传热管的失效预测边界试验

为了确定在正常运行和事故载荷条件下，性能下降的压水反应堆蒸汽发生器管的失效裕度进行了具有化学诱导缺陷的蒸汽发生器管段压力测试，验证和扩展在第一阶段期间开发的剩余管完整性经验相关性。

化学方法产生的缺陷几何形状在形状、大小、深度和方向变化方面更接近于由服役引起的缺陷。

在 1988 年，压水反应堆蒸汽发生器遇到了几种类型的困难。在大多数情况下，这些困难可归因于水处理问题。二次冷却剂的某些水质化学性质可能会对管道产生腐蚀性，导致严重的应力腐蚀开裂（SCC）和局部管壁变薄（损耗）。

苛性剂可能从给水中带入蒸汽发生器，也可能在其中形成。这些物质被认为是 SCC 的原因。通常在使用协调磷酸水处理（CPT）时，会发现损耗现象，在某些情况下，改用全挥发性处理（AVT）后也会出现损耗。在后一种情况下，损耗归因于吹除过程中未去除的酸性磷酸盐残留物。

在这两种腐蚀类型中，低流量和高热通量区域最容易受到影响，因为这些区域会形成杂质浓度或磷酸盐沉淀。最有可能出现问题的部位是缝隙（管支撑板/管环）、再入角或污泥沉积形成的地方(管板顶部或管支撑板)。SCC和损耗都发生在这些位置。

在从磷酸水处理改为AVT的过程中，某些PWR蒸汽发生器中又观察到了另一个问题。改用AVT后，冷凝器冷却水泄漏导致的氯化物会腐蚀碳钢管支撑。腐蚀产物体积膨胀，对管道施加足够的力，使其直径减小，从而在管道局部产生凹痕。

化学产生的缺陷比机械加工产生的缺陷更能模拟压水反应堆蒸汽发生器中的实际缺陷。研究重点放在应力腐蚀开裂和均匀变薄类型的缺陷上。测试试验中包含的三种缺陷类型是：(1) 应力腐蚀开裂；(2) 均匀变薄；(3) 椭圆形损耗。

3.2.1 试验样本

应力腐蚀开裂样本

通过应力腐蚀开裂对几批次的Inconel 600管材进行了化学缺陷处理。所采用的方法已由Clark和Burr（1980年）描述过，但为完整起见，在此进行简要概述。预开裂方法包括将内部加压的管段暴露于5 lb/gal NaOH和0.001 lb/gal Cu（电解粉尘）的600 ℉溶液中。管段两端焊接有Inconel 600端盖。一个端盖中包含一根直径为0.25 in的Inconel 600管，用于引入压力。

应力腐蚀开裂的位置和方向通过遮盖法确定。将Teflon® (b)胶带包裹在整个管子上，并在样本两端安装Teflon端盖。然后，用收缩配合的 Teflon 管将整个管子覆盖起来。将暴露于侵蚀的区域上的遮盖物移除。在暴露区域的边缘缠绕铜丝，以加固切割边缘并尽量减少遮盖物下的泄漏。

预开裂操作是通过将最多 7 个相同遮盖处理的样本（每个样本预先填充去离子水）放入高压釜中进行的，0.25 in 的加压管穿过高压釜头部的接头。高压釜预先填充了上述溶液的一半，然后密封。所有加压线路连接到公共歧管，并加压至1 000 psig。然后将高压釜加热至 600 ℉，之后使用高压泵将样本加压至屈服强度的约60%。使用蓄压器来保持压力稳定。通常，在 18～20 h，其中一个管子会发生穿壁穿透。管子失效后，通过公共歧管对所有剩余样本进行减压。样本压力消失后，样本压力线上的开关将关闭高压釜加热器。高压釜冷却后，取出样本并去除遮盖物。对于给定的样本批次，通常观察到裂纹尺寸分布范围从无明显应力腐蚀到穿壁失效不等。

均匀变薄样本

在产生变薄（损耗）的过程中，采用了两种方法。一些管子通过电蚀刻变薄，使用的是 80%磷酸和 20%硫酸的溶液，应用的电流密度不超过 1 A/cm^2。另一些 Inconel 600 管材的部分区域暴露于 25%沸腾硝酸溶液中，通过晶间腐蚀（IGA）机制导致变薄。应用了 290 mV 的电势来启动腐蚀，通过促进自然保护性氧化物膜在试样表面上的穿透来实现。在前半小时内，电势逐渐降低到约 24 mV，然后在剩余的暴露时间内保持不变。不打算暴露的管材区域用聚四氟乙烯胶带紧紧包裹起来。通过 IGA 机制变薄后，一些管子经过电蚀刻处理，以平滑未变薄和变薄部分之间的过渡区域。

通常，由于金属结构的快速破坏，IGA缺陷机制的穿透速率相当高。整个晶粒实际上从腐蚀表面分离出来。腐蚀向内穿透并沿着晶界网络进行。由于优先晶界腐蚀，存在一种可能性，即管材壁可能在宏观表面变薄的水平以下，通过晶粒分离在微观上被削弱。制备了通过IGA缺陷过程处理的管材冶金横截面，截面显示，不通过IGA，不会显著改变剩余管材壁的机械性能。化学和机械缺陷方法之间的主要区别在于前者的相对不均匀性。

椭圆形损耗样本

椭圆形损耗的产生方式与均匀变薄相似，只是额外使用了遮盖物来限制受到攻击的管段，从而产生椭圆形损耗缺陷几何形状。

3.2.2 爆破和塌缩试验

针对上述样本按照第一阶段的爆破和塌缩试验依次进行试验，试验结果表明，一般来说，第二阶段的均匀变薄和椭圆形损耗试样倾向于在略低于类似第一阶段试样的压力下发生爆破或坍缩。相比之下，第二阶段的应力腐蚀开裂试样在略高于第一阶段电火花加工槽缺陷试管的压力下发生爆破。对于第一阶段和第二阶段的试样，失效压力随缺陷尺寸变化的趋势相同。均匀变薄和椭圆形损耗的爆破压力平均比根据第一阶段经验关系预测的低不到10%，而二次爆破压力则高出约10%。

此外，为了试验的完整性，还进行了泄漏试验，按照以下一般要求进行：

（1）管试样具有由服役诱导的退化机制（如应力腐蚀开裂）引起的典型裂纹。在所有情况下，试管均通过实验室程序产生裂纹。排除了机械加工的缺陷。

（2）测试是在与正常运行和事故条件下泄漏相关的流体条件下进行的，包括压力和温度。

（3）数据记录在可引用的非专有文档中。

在本次评估中使用了三组数据：

（1）燃烧工程（CE）数据——这些测试由燃烧工程公司完成，作为电力研究所（EPRI）资助的一个研究项目的一部分。鲍威尔和霍尔（1987 年）给出了这些测试的详细情况。缺陷是在敏化管材中通过暴露于加压腐蚀性含硫溶液而产生的。泄漏测试是在 600 ℉的水和 2 250 psig 的压力下进行的，有和无 900 psig 二次侧压力两种情况都有。测试系统的容量足以维持无限时间段的泄漏流量，以便能够建立和测量稳态泄漏率。其他具有可比长度裂纹（深穿透裂纹）的试样被爆破。测得的爆破压力是泄漏测试中涉及的蒸汽管道破裂事故条件下 2 250 psig 压差的两倍或更多。

（2）法国测试——贝热（1987 年）简要描述了在法国进行的泄漏测试。在室温 248 ℉和 550 ℉下，对 1 450 psig 的压差进行了泄漏率测量，因此包括了对蒸汽发生器正常操作条件的模拟。裂纹被描述为外表面引发的，显然是轴向取向的。显然，这些裂纹是在实验室中通过腐蚀诱导手段引发的，尽管论文中没有描述试样制作的细节。法国论文中还给出了实验室应力腐蚀开裂管的爆破测试结果。

（3）巴特尔哥伦布斯数据——巴特尔哥伦布斯实验室（BCL）

作为本项目的分包商进行了测试。所有试样均具有实验室诱导的应力腐蚀裂纹。试样集中包括轴向和环向裂纹。PNL热工水力领域的专家对完整数据集进行了深入审查，以确定每项测试与蒸汽发生器操作条件的相关性。结果证明，只有一小部分（总共三项）测试对预测操作条件下的泄漏率有意义。在许多情况下，由于许多试样的裂纹没有完全贯穿管壁，因此没有观察到泄漏。另一组测试被忽略，因为对温度、压力和流速的控制不足，无法防止管内的水沸腾。这意味着泄漏裂纹入口侧存在蒸汽，未能满足过冷水准则，因此测得的流速与蒸汽发生器条件无关。尽管流体温度远低于600 ℉，但三项有效测试的压力差涵盖了蒸汽发生器操作感兴趣的范围。不过，这些测试确实为基准测试提供了独立的实验流量数据来源，可用于泄漏前断裂评估中使用的泄漏率预测。

这三个数据来源都存在一个问题，即关于单个测试试样中裂纹长度的清晰度不足。据报告，估计裂纹长度的上限和下限之间通常存在2～5倍的差异。没有记录裂纹长度不确定性的原因。推测应力腐蚀裂纹的内径和外径观测值之间的差异可能是其中一个因素。此外，裂纹的紧密性可能也抑制了通过无损手段测量裂纹长度。

3.2.3 泄漏率模型

由试验方整理的一套方程用于预测蒸汽发生器管中贯穿管壁（轴向和环向）裂纹的泄漏率。该预测模型有助于解释和比较不同实验室进行的各种测试测得的泄漏率。该模型改编自太平洋西北国家实验室（PNL）为反应堆压力容器轴向裂纹泄漏而开发的模型

(Simonen 等人，1986 年)。现仅讨论该模型的主要假设和特点。

裂纹张开面积：该模型使用断裂力学解决方案来预测裂纹张开面积，这是裂纹长度和管壁两侧压差的函数。给定这个裂纹张开面积，然后利用流体力学文献中众所周知的公式来预测通过狭长孔洞的流量，从而预测泄漏率。

断裂力学方程的一个基本假设是，存在一个简单的贯穿管壁的裂纹，其长度在管的内表面和外表面上相等。由于 Simonen 等人(1986 年）的工作仅涉及轴向裂纹，因此在此试验中需要确定与贯穿管壁的环向裂纹张开相对应的类似方程。

计算从弹性断裂力学解决方案开始，并对弹性塑性行为做出近似修正（对于此处关注的裂纹长度和压力，这一修正通常很小）。这一塑性修正最初由 Simonen 等人（1986 年）使用三维有限元计算对开裂圆柱体进行开发。然后，针对特定几何形状的解决方案使用 Kumar、German 和 Shih（1981 年）的平板解决方案趋势进行归一化处理，并以极限载荷格式绘制，其中应用应力项以弹性膨胀系数对轴向开裂圆柱体的常用方式进行修正。对于弹性－塑性计算，有必要采用应力－应变曲线来表示典型的蒸汽发生器管材的特性。该曲线选自 Berge（1987 年）报告的拉伸试验。从选定的应力－应变曲线中拟合应变硬化系数。该特定曲线的极限强度为 101 ksi，屈服强度为 55 ksi。在应用于其他批次的管材时，可根据不同的流动应力值对归一化结果进行调整。本试验使用了 67.5 ksi 的流动应力通用值，这对应于 45 ksi 的屈服强度和 90 ksi 的极限强度。

当前以及其他已发表的用于预测裂纹张开面积的方程式都包含

一些基本假设。裂纹几何形状被理想化为简单的贯穿管壁裂纹，其方向完全为轴向或环向。假设在管内无压力时，开裂管处于无应力状态，此时张开面积为零。在实际中，管材会因制造过程中的残余应力或先前的加载历史而存在一定的残余应力。

因此，需要一定的最低压力水平来克服使裂纹保持闭合的应力。或者，残余应力和先前的塑性变形可能使未加压的管道出现一定的裂纹张开。

流体力学：Simonen 等人（1986 年）描述了用于预测给定开口面积裂纹泄漏率的流体力学模型的基本特征。该模型考虑了流动路径狭窄开口处的压降，该压降对应于裂纹从管内到管外的延伸。该模型将此压降与裂纹断裂表面的表面粗糙度联系起来。对于短裂纹和小压差（因此裂纹张开位移也小）的情况，预测的摩擦压降可能占管壁总压降的很大一部分。

Simonen 等人（1986 年）提出的泄漏模型是针对反应堆压力容器在容器内水严重过冷条件下的情况开发的。因此，有必要对该模型进行修改，以考虑蒸汽发生器管二次侧的背压，以及考虑 600 ℉一次系统水闪蒸成蒸汽时可能出现的两相流。在两相流的处理上采用了简化方法，即如果一次系统水的饱和压力大于实际的二次侧压力，则使用一次系统水的饱和压力代替实际的二次侧背压。

在理想化假设的框架下预测泄漏率被视为相对直接的计算。因此，本模型的预测结果与一种更为复杂的模型（在裂纹中两相流的处理上更为复杂）进行了基准比较。该模型由 Griesbach、Cipolla 和 Lang（1985 年）以及 Norris 等人（1984 年）描述。

本报告模型与 Griesbach 等人（1985）模型在泄漏率数值预测相对一致性。这些结果为本报告所使用的预测提供了基准验证，同时也倾向于证实上述关于在理想化裂纹开口行为框架下预测泄漏率相对直接的观点。

泄漏率不可预测的一些具体来源如下：

（1）小裂纹开口——所关心的压力和裂纹长度导致裂纹在压力作用下的预期开口通常只有几千分之一英寸甚至更小。因此，以下列出的一些不受控制和二阶因素（如堵塞、裂纹粗糙度等）可能支配裂纹的泄漏。

（2）残余应力——管子制造过程中产生的残余应力以及后续用于预裂化样本的加载可能导致裂纹保持闭合状态，直到施加达到引发裂纹开口所需的阈值压力。在其他情况下，即使内部压力降至零，残余应力也可能使裂纹保持开启状态。

（3）先前过压——在腐蚀性高压釜环境中对样本进行预裂化时，管子内部的压力可能超过了后续泄漏测试中所使用的压力。因此，有可能发生塑性变形，导致一些裂纹永久开启。这种效应可以解释为什么一些样本的泄漏率高于预测值。

（4）裂纹堵塞——无论是在预裂化的高压釜过程中，还是在泄漏测试本身过程中，少量沉积物都可能轻易限制通过狭窄裂纹开口的流动。沉积物可能来自水中的杂质，或裂纹表面形成的腐蚀产物。为了获取管道裂纹持续泄漏的数据而进行的测试表明，由于长时间堵塞，泄漏量减少，甚至停止泄漏。

（5）裂纹粗糙度——预测泄漏率的模型包括预测粗糙裂纹表面

对开放裂纹狭窄缝隙中泄漏影响的项。对于这种对流动阻力的贡献，只能粗略估计用于泄漏测试的原型裂纹的系数。当然，实际粗糙度存在很大的变化，可能导致泄漏率出现意外的变化。

（6）裂纹长度的不确定性——测试样本中裂纹的长度报告存在很大的不确定性。实际上，裂纹无疑具有复杂的形状，因此与预测模型所使用的理想贯穿壁厚的裂纹不同。这会影响裂纹的长度和开口行为，进而影响流动区域。即使裂纹形状已知且精度提高，计算上的困难也会妨碍在简化的泄漏率模型中使用此类信息。

上述试验的第一个目标是为确定泄漏前断裂概念在应用于蒸汽发生器管破裂时的可靠性提供更好的依据。第二个目标是为蒸汽发生器设置泄漏检测要求以及规定与安全运行相符的允许泄漏率提供更坚实的基础。

试验的主要结论是，实际测试期间测得的泄漏率可能具有高度可变性。这些泄漏率可能受到预测模型中未涉及的“随机”变量的强烈影响，而这些模型是泄漏前断裂评估的基础。测得的泄漏率通常比预测值低一个数量级。这表明，在用于泄漏前断裂评估的泄漏预测中应采用大量保守主义。

这种保守主义似乎也适用于确定检测系统最佳泄漏检测限值的计算。得出的结论是，在裂纹开口行为的理想条件下预测泄漏率是一个相对直接的计算。与测试数据中的相应变化相比，独立开发的模型之间的预测差异较小。

由于更精细的模型可能仍然无法充分处理导致测试样本中测量泄漏率变化的因素，因此似乎没有必要继续完善预测模型。建议的方法是认识到泄漏率预测中的不确定性，并在应用计算泄漏率时使用保守的裕量。同时，也应从积极的角度看待现有的泄漏率数据，因为在大多数（但不是所有）测试中，测得的泄漏率接近甚至超过了预测值。这清楚地表明了泄漏检测系统作为在管子破裂前检测管子退化的手段价值。反应堆的运行历史包括许多成功检测泄漏的案例。另外，也有记录显示管子破裂的案例，在这些案例中，管子破裂之前并未检测到不可接受的泄漏。泄漏率测试的结果为继续要求在运行的反应堆上进行泄漏检测提供了有力支持。本试验涉及的数据库包括许多在对应于蒸汽线断裂事故的压力下对管子进行的测试。特别令人鼓舞的是，在这个有限的管子样本中，没有一个出现了可以称为破裂的情况，而在大多数情况下，在正常工作压力下测得的泄漏率本应该是可检测的，并且超过了工厂技术规范中允许的限值。

该结论是，提出泄漏先于破裂会以足够的概率发生，以至于泄漏检测要求可以显著增强蒸汽发生器的安全运行。然而，对泄漏先于破裂的信心水平不足以允许放松其他措施，如管子检查。特别令人担忧的是，泄漏先于破裂的概念往往只针对以裂纹形式出现的管子退化，尽管管壁变薄类型的管子退化对蒸汽发生器性能的重要性大致相同。在这方面，管壁变薄导致泄漏先于破裂的可能性要小得多。建议将泄漏检测和管子检查视为互补措施，以抵消当前技术水平和对管子退化机制理解水平所固有的不确定性和不可靠性。

4

压水堆蒸汽发生器传热管许可管理风险点与防控措施

蒸汽发生器是压水堆核电站的核心组件之一，蒸汽发生器传热管的腐蚀破损一直是核电厂非计划停堆以及电厂容量因子损失的主要因素，据不完全统计，在2003年左右世界上近半数的压水堆核电站蒸汽发生器是带损伤运行，每年堵管的数量多达10 000～12 000根，对核电厂的安全稳定运行造成了风险隐患。蒸汽发生器的损伤主要发生在U形弯管区以及管束与管子支承板之间的缝隙处。U形弯管区容易发生一次侧和二次侧应力腐蚀开裂、微动磨损和高周疲劳；管束与管子支承板之间的缝隙处容易发生应力腐蚀、晶间腐蚀、点蚀、减薄等。二回路及其相应冷却系统使用的水和天然海水含有大量的电解质和溶解氧，尽管对二回路冷却水进行了严格的处理，但仍然有少量溶解氧和氯化物留存下来，在反应堆启动、停堆时造成空气进入、回水器泄漏或海水漏入等问题。在蒸汽发生器中的U形管布置密集，实际使用中，在与管板的交界处，传热管常有污染物覆盖或构成有害缝隙，并且其服役环境是干湿交替、气液两相流动的沸腾传热环境，溶解盐极易在传热面上浓缩，从而导致传热管表面的流体和水质条件与蒸汽发生器内的平均条件不一样，如此严峻和恶劣的环境对蒸汽发生器传热管的性能提出了更高要求，也使得传热管的失效形式较多、失效频率较高、防护研究更为迫切和必要。本部分所描述的蒸汽发生器传热管的失效形式并非目前发现的全部失效形式，仅针对影响较为广泛、机理研究有些进展的失效形式进行介绍。

4.1 微动磨损

微动是指两固体接触面上因出现周期性小振幅振动造成损伤的一种特有的磨损方式，这种周期性的小振幅运动是由于环境的振动或接触组元之一受交变应力所引起的，其导致设备或部件使用寿命大幅降低，精度和可靠性降低。由于流致振动等的影响，微动是核电站设备中不可避免的现象，在几乎整个核电系统的各个部分，例如：压力容器、燃料组件、控制棒组件、堆内构件、蒸汽发生器、换热器、主泵和管道部件等均存在微动现象。管道微动磨损是由流体引起的振动造成的。在压水堆中，蒸汽发生器传热管面积占一回路压力边界面积的80%左右，传热管壁厚一般为1～1.2 mm，因此传热管是整个一回路压力边界中最薄弱的部分。传热管二次侧流体激励会引起传热管振动，振动导致传热管与支撑板和防振条发生碰撞磨损，这是蒸汽发生器中传热管破损的重要原因之一。

蒸汽发生器中，管道和管道穿过的管道支撑板之间存在间隙。此间隙对于制造和设计考虑是必要的。振动会导致管道与管道支撑板之间的碰撞和滑动，从而导致局部磨损（即管道和管道支撑板金属的损失）。因为摩擦表面（即管道和管道支撑板）之间的运动是振荡的，并且通常在振幅上蜿蜒，所以摩擦过程被称为微动。微动可以从两个不同的方面对部件造成危害，一个是直接的，即表面磨损。另一个是间接的，是由局部反复作用在表面或亚表面层中产生微裂纹，并发展成疲劳断裂，即微动疲劳。目前，国内外已有关于Incoloy800、Inconel625、690 等热交换器传热管材料微动磨损行为的研究。关于 Inconel690 微动磨损试验包含室温及高温研究，其研究成果对优化或改进蒸汽发生器传热管的服役性能有很强的积极作用。

管道金属损失是有害的，并且磨损区域对疲劳裂纹非常敏感。在磨损条件下，疲劳裂纹可以在材料表面附近开始，其应力水平远低于非燃烧管道试验材料的疲劳极限（1980 年）。

中国科学技术大学《蒸汽发生器用 690TT 合金传热管高温高压水中的微动腐蚀行为研究》做了大量调研，其调研表明，近些年来，越来越多的人开始关注传热管微动磨损失效现象，并对其开展了大量研究。从实验环境的角度，早期研究阶段，由于实验设备的限制，大部分实验是在室温空气或室温氮气等条件中进行。20 世纪末期至 21 世纪初期，随着实验设备的发展，实验环境越来越接近于传热管真实的服役环境，包括室温水较高温度的水（100 ℃以下）、高温气氛等。近些年来，随着实验设备及控制装置的进一步发展，真实高温高压水服役环境下的微动腐蚀研究也在逐步开展。目前为止已经开展了部分研究工作，重点关注各种因素对微动腐蚀行为的影响，如关于材料组织结构、力学性能及夹杂物等对于微动磨损的影响，不同摩擦副材料对于微动磨损的影响等研究均已开展。同时，在 20 世纪中后期，有关研究人员针对机械参数做了大量的试验研究，并总结出了机械参数对金属材料微动磨损行为的一般规律，此处提到的机械参数包括频率、振幅、载荷等。自 21 世纪以来，越来越多的学者开始研究机械参数对于蒸汽发生器传热管用合金的微动磨损行为影响。此外，环境因素包括温度、pH、电导率以及溶液中杂质离子浓度等对微动磨损也具有较大影响。为了探究微动磨损的机理，研究人员对于微动磨损过程中的材料微观组织转变过程也进行了大量研究工作。但上述研究仍存在一定局限性，如目前的研究中绝大多数的试验周期均较短，振动周次一般在 10^5 以下，与实际核电站的运行周期、时间、振动周次等具有很大差异。此外，当前的研究工作采用的摩擦副对于机理的研究有一定的简化作用，与实际工况存在差距。

为此，中国科学技术大学研究人员使用高温高压水微动腐蚀实验设备进行了 690TT 合金的微动腐蚀行为研究，并设计制造了与不同配对试样相配套的夹具。利用该设备进行了高温高压水中 690TT 合金管状试样与板状试样或球状试样的高频率、长周期微动腐蚀实验研究，振幅为±100 μm，法向载荷 40 N，振动周次 10^6，保温时间 18 h，介质为纯水，频率为 40 Hz，水压力为 12.5 MPa，温度分别为室温、100 ℃和 200 ℃。采用的实验材料为 690TT 合金管状试样和405SS柱状试样，被磨试样和配对试样之间是管一面接触式的线接触形式。研究发现，温度对690TT合金纯水中微动腐蚀性能有较大影响。随着温度的增加，摩擦系数减小。磨痕的宽度随着温度的增加而增大，100 ℃条件下磨损程度最严重，其次为室温条件，温度为200 ℃时磨损轻微。磨损机制随着温度不同而不同：室温下最主要的磨损机制是黏着磨损；100 ℃条件下主要的磨损机制是磨粒磨损，同时有剥层磨损存在；200 ℃条件下磨粒磨损占主导地位。磨损引起的损伤，包括纳米晶TTS层的形成、残余应变高度集中的滑移变形带的形成以及微裂纹的产生都会弱化压水堆核电站中蒸汽发生器传热管的后续服役性能。随着法向载荷的增大，摩擦系数减小，法向载荷为20 N时，磨痕较浅，磨损轻微，磨痕底部有较薄的磨屑层，主要的磨损机制为磨粒磨损；法向载荷为60 N时，磨损形貌复杂，有大量的磨屑、犁沟及材料转移存在，且磨损深度与磨损体积也最大，并有明显的分层结构：磨痕最外层为材料转移层或磨屑层，向内分别为摩擦学转变结构、整体形变层直至基体组织；法向载荷为100 N时，磨痕形貌为一个光滑的球形磨痕，磨损过程中摩擦副间结合紧密，仅在边缘发生微滑。随着振幅的增大，摩擦系数增大。振幅为±40 μm时摩擦系数基本保持不变；振幅为±70 μm时，摩擦系数先缓慢上升并在实验后期逐渐保持稳定；振幅为±100 μm时摩擦系数一直保持上升趋势且有一定的波动性。振幅为40 μm时磨损轻微，磨损机制主要以黏着磨损为主；振幅为±70 μm时，磨损形貌复杂，黏着磨损、磨粒磨损、剥层磨损均存在，有明显的分层结构：磨痕截面由外至内分别为磨屑层、摩擦学转变结构、整体形变层直至基体组织；振幅为±100 μm时，磨损十分严重，磨粒磨损和剥层磨损是主要的磨损机制。随着振幅的增大，最大磨损深度与磨损体积均显著增大。振幅为±40 μm时微动区域处于部分滑移区；振幅为70 μm时微动区域处于混合区；振幅为±100 μm时实验前期微动区域处于整体滑移区，随着振动周次的增加，微动区域渐渐向混合区转变。随着振幅增大，能量磨损系数先增大后略微减小。

华北电力大学研究人员采用ANSYS软件对蒸汽发生器传热管的微动磨损进行了数值模拟，通过对传热管的谐响应分析，发现当谐响应载荷频率靠近传热管固有频率时，将导致传热管的共振，随着共振频率的增大，传热管内部产生的最大应力也逐渐增大，并且应力偏大的部位也越多，传热管也越容易破损。蒸汽发生器的二次侧流体的流动会引起传热管的振动，进而导致传热管的微动磨损。冷热不同的两种流体通过传热管时会发生热量传递，流体在流过管侧和壳侧时对管道的冲击力加速了传热管的失效破损。通过横向流场作用下的传热管流固双向耦合分析，发现传热管周围的流场压强和流速分布不均匀。流场的分布不均会导致传热管的不稳定进而导致传热管破损。在传热管尾部出现了周期性的涡流脱落现象，脱体漩涡离开管道表面，在尾部形成著名的卡门涡街，使管道表面产生周期性变化的阻力和升力，从而导致管道振荡，加速传热管的失效破损。在流体激励作用下，传热管的内部产生了应力，并且在管道根部附近应力值较大。当传热管数量增多后，使得流场变得复杂，传热管产生的最大应力值会稍微增大，不利于传热管的安全。

4.2 耗蚀减薄

目前，压水堆核电站自然循环式蒸汽发生器传热管材料普遍选用690TT合金。690TT合金传热管经轧制成直管后，其为时效热处理（TT）态，需要冷弯成U形管，弯管过程会导致弯管区外侧壁厚减薄；另外，由于弯管过程中传热管各部位的塑性变形不均匀，因此弯管后传热管上会有残余应力，尤其是小弯曲半径U形管（$R \leqslant 10\,d$，R 为U形管半径，d 为传热管外径），其变形更大，残余应力也更大，弯管区的残余应力会增加传热管的应力腐蚀开裂（SCC）倾向；此外，小弯曲半径U形管的消应力热处理工艺可能使弯管区的显微组织发生变化。因此，690TT合金U形管的弯管及消应力热处理易使传热管弯管区在运行期间发生腐蚀失效。研究表明，对弯管半径为60 mm和70 mm的国产蒸汽发生器690TT合金U形管弯管区进行了一系列性能测定，弯管后，690TT合金U形管弯管区外侧壁厚减薄量较小，约为3.5%～7.8%；消应力热处理后，弯管区的壁厚减薄量几乎无变化。弯管后，弯管区内侧表面残余应力为拉应力，外侧表面残余应力为压应力；消应力后，弯管区残余应力绝对值减小，应力腐蚀倾向较小。其中，弯管区内侧的拉应力最大，说明弯管区内侧更易发生应力腐蚀。

4.3 腐蚀损伤

水冷反应堆具有非常成熟的技术基础，它充分借鉴了火力发电站中水作为工作介质的丰富使用经验，由于水能溶解许多物质，所以便成为了结构材料的溶解损失和质量转移的媒介，在所造成的化学的或者电化学的环境下，具有促进发生腐蚀和裂纹的作用，并且由于金属与水之间的反应所产生的氢常常被金属材料所吸收，进而产生氢脆化和延迟破坏等二次效应。

我国在建和运行的压水堆核电站蒸汽发生器U形传热管用材料种类较多，包括316不锈钢、Inconel600、Incoloy800和Inconel690等。

各种环境脆化型的裂纹和腐蚀疲劳等与在水中浸泡的时间有关的损伤，有如下几种类型：

应力腐蚀开裂（SCC）最常发生在U形弯管区，主要是由于该位置存在较大的残余应力，进而导致其具有较高的应力腐蚀敏感性。一次侧应力腐蚀裂纹通常是轴向的，但也有周向断裂。

上海交通大学《核电蒸汽发生器用690和800合金传热管腐蚀性能研究》论文在绪论中提到，镍基合金传热管的耐腐蚀性能一直备受关注。美国、欧洲和日本等核电发达国家对600合金以及替换材料690合金的耐腐蚀性能进行了大量的基础研究和试验分析工作。由于蒸汽发生器管材在服役过程中发生的主要腐蚀失效形式是应力腐蚀和晶间腐蚀，因此蒸汽发生器管材的应力腐蚀和晶间腐蚀是研究的热点。美国能源部资助国立研究院、大学等开展了很多关于600和690合金应力腐蚀和晶间腐蚀机理的研究。欧洲的AREVA、EDF、CEA等核电研究设计机构以及Sandvik公司等材料供应商投入大量的研究力量，研究600和690合金的成分、工艺、组织与其腐蚀性能之间的关系。日本的三菱公司、JAEA和东北大学以及690合金供应商Sumitomo公司进行了大量600和690合金腐蚀应用性能方面的研究。韩国的原子能研究院和一些大学也对690合金的性能进行过系统深入的研究。

压水堆核电站蒸汽发生器二回路缝隙区是发生应力腐蚀、晶间腐蚀和点蚀比较严重的区域，关于镍基合金在模拟该环境中的电化学腐蚀行为及膜特征的研究也有较多研究内容主要侧重于材料腐蚀机理方面。如Park等人利用恒电流暂态和电化学阻抗谱技术研究了600合金在25～300 ℃，模拟中性硫酸盐缝隙环境0.1 M Na_2SO_4溶液中的钝化氧化膜的生长动力学。发现温度低于60 ℃时，氧化膜为单层结构，温度高于100 ℃时，氧化膜具有双层特征。温度升高，氧化膜内层缺陷增多，导致电化学活性区增多，内层电阻降低，相对介电常数增加。并提出了600合金在0.1 M Na_2SO_4溶液中钝化膜的生长机制：温度低于60 ℃时的氧化膜以及高于100 ℃时氧化膜内层的生长过程符合PDM模型；高于100 ℃时氧化膜外层的生长过程可用扩散-溶解耦合模型来描述。

正是由于核电发展较早国家研究人员的系统深入研究以及大量试验和对比分析，使得690合金成为可以取代600合金作为压水堆核电站蒸汽发生器传热管的理想材料。但是由于蒸汽发生器传热管的服役环境复杂，其管子的腐蚀受到材料、应力、水化学环境等多种因素相互影响，一般认为，应力腐蚀开裂的机制有阳极溶解和氢致开裂两种，或是二者共同作用导致。阳极溶解：在拉应力和腐蚀介质的作用下材料表面的氧化膜破裂，基体材料裸露，与氧化膜未破裂部分分别形成微电池的阳极和阴极，阳极溶解进一步加刷材料的腐蚀。氢致开裂：在拉应力和腐蚀介质的作用下阴极产生的氢原子或环境中的氢原子扩散到材料内部，从而引起材料脆性断裂。SCC 经历 3 个阶段：孕育期、裂纹扩展期和失稳断裂期。时间从数分钟到数年，甚至更长。

影响 SCC 的因素较多，与材料和加工相关的因素包括材料成分、热处理、冷加工。其中材料成分影响为：690TT 合金的主要成分包括 C、Mn、Si、P、S、Cr、Ni、Mo、Fe、N、Al、Ti、Cu 等元素，其中，Ni、Cr、Fe 为主要元素，Ni 约 59%，Cr 约 30%，Fe 约 10%，其余元素约 1%。800Mod 合金则是一种铁基合金，含有较多的 Ni、Cr 和少量的 Si、Mn、Al、Ti。根据有关文献描述，提高 Mn、Ni、Cr 等元素含量有助于减少材料应力腐蚀，而 P、S 等元素发生晶界偏析，在晶界与氢发生交互作用，从而引发氢致断裂。Mn 元素则能加速 P、S 的晶界偏析。因此，冶炼时要减少 P、S、Mn 等元素的含量。当前，690TT 和 800Mod 合金的成分控制已经通过 ASME 及 RCC-M 等国际标准加以固化。热处理是指材料在固态下，通过加热、保温和冷却等过程来获得预期组织和性能的一种金属加工工艺，其处理方法有正火、退火、固溶热处理、时效、淬火、回火、调制处理等。在材料化学成分固定以后，热处理能够显著影响材料的微观组织，进而影响材料性能。晶界处的 Cr

容易与C结合，形成$Cr_{23}C_6$而析出，造成晶界的Cr含量减少形成贫铬区，贫铬区往往优先发生腐蚀。适当的热处理能提高晶界的Cr含量，从而提升材料的抗应力腐蚀性能。不同热处理过程导致碳化物析出形态和晶粒尺寸存在很大区别。冷加工会引起材料内部的位错向晶界偏移进而堆积，造成材料额外的内应力。而这种内应力在后续的处理过程中不一定能得到消除，由于应力正是应力腐蚀的条件之一，因此会加速裂纹的形成和沿晶界的扩展。研究表明，当冷加工引发的形变量达到一定程度时，材料内部的残余应力会变得比较均匀，这时沿晶开裂和穿晶开裂同时发生，反而降低裂纹扩展速率。

此外，工作环境也是影响SCC的重要因素，在一回路高温高压环境下，镍基合金会产生氧化膜，在腐蚀初期，氧化膜的生长速率受到限制，导致此阶段腐蚀速率较大，随着腐蚀的进行，更多的Ni、Cr、Fe离子暴露出来，这些离子向外扩散后与O发生反应生成一层Ni、Cr、Fe氧化物，从而阻止合金基体与O接触，使得腐蚀速率下降，并朝着停止的方向进行，表现出材料对应力腐蚀的低敏感性。不同的pH环境会对690TT合金、800Mod合金的应力腐蚀造成影响。在弱酸和弱碱性环境中，材料具有较高的应力腐蚀敏感度，而且随着酸性的增强，敏感度变高。在偏中性环境中，敏感度较低。Pb会加速材料的应力腐蚀。这主要体现在2个方面：一方面，Pb会破坏表明氧化膜，造成Cr的溶解，促进应力腐蚀断裂；另一方面，当晶界Cr以碳化物形式析出后，晶内的Cr会往晶界移动以补充，而Pb能抑制这种移动，加剧局部贫铬现象。S在核电一回路中会不可避免地存在。高价 S 并不会增强材料的应力腐蚀敏感性，低价 S 在强碱性环境中会加重材料的应力腐蚀断裂，且会随着 pH 的升高变得更加强烈。一般来说，690TT、800Mod 对 Cl 应力腐蚀不敏感，但在 pH 较低的情况下可能发生氯致应力腐蚀。

华北电力大学研究人员针对蒸汽发生器传热管的应力进行了 ANSYS 数值模拟，包括热与结构耦合分析、模态分析、谐响应分析以及流固双向耦合分析，结果表明，传热管的内壁面主要承受压应力而传热管的外壁面则受到较大的拉应力，由于拉应力的存在是传热管发生应力腐蚀破损的必要条件，比较可知传热管的外壁面更容易发生应力腐蚀破损，而传热管内壁面则不会发生应力腐蚀破损。在传热管根部以及根部上方距离管板高度约为 4 cm 处拉应力值较大，在传热管外壁面距离管板高度 4 cm 附近以及根部位置是最容易发生应力腐蚀破损的，这可能是由于二次侧水中的泥渣会沉积在管板上，叠加二次侧水中对传热管具有一定腐蚀性的离子（如 Cl^-），这些提供了传热管腐蚀的环境，管板上部的二回路低温给水与传热管内的高温冷却剂存在很大的温差，加上一、二回路较大的压力差作用，在传热管根部位置产生了较大的应力。传热管在长期应力作用下将会发生微小的形变，当二次侧水携带的具有腐蚀性的介质与传热管发生化学反应后，就会在传热管管壁上产生细小的裂纹，热传管又受到较大的拉应力作用，满足了材料发生应力腐蚀的条件，裂纹就会逐渐扩大，严重时会导致破管事故的发生。传热管在高温环境之下的拉应力分布规律与传热管在耦合场情况下的拉应力分布规律相似。传热管在高温条件下内部产生的拉应力数值约比高压条件下内部的拉应力数值大两个数量级，因而可知高温条件是导致传热管发生应力腐蚀破损的深层原因。

蒸汽发生器传热管是极易出现腐蚀的现象，除了由于环境而造成的整体出现均匀腐蚀的情况外，管道内壁金属也常受到局部的点腐蚀形成穿孔变成点蚀坑。这是由于金属上的钟化膜遭到破坏，形成了点蚀坑，对于管道内壁就会带来侵害，同时点蚀坑扩散腐蚀极具侵蚀性，其扩散速度非常之快及范围非常之广所带来的后续影响也是极大的。当管壁发生点腐蚀的过程中，点腐蚀的阻力受点腐蚀的电位的影响，随之增加而增加，所以点腐蚀电位是衡量金属钝化膜稳定性的一个重要评判。有时金属离子或氧浓缩也会在泥渣堆中使蒸汽发生器传热管产生点腐蚀，或者因为二次侧介质的湍流，化学物质的侵蚀，一次侧交变应力等因素，使得钝化膜破裂，进而导致了管壁内部产生点蚀坑，当点蚀坑内氧的损耗形成氧浓差电池时会加剧点腐蚀的腐蚀速度。

在蒸汽发生器工作时，传热管是否发生点腐蚀与二次侧介质是否存在氧化剂有直接关系。点腐蚀一般出现在材料是合金 600 的管子上，因为在二次侧水化学杂质的污染，在泥渣堆的冷热两侧区域都出现过。管板顶部与第一块支撑板的泥渣堆的管外壁也常出现点腐蚀，由于凝汽器的泄露和水化学的原因，泥渣堆里含有大量的氯和硫。某些管子在点腐蚀下破坏，是由于凝汽器的泄露和泥渣的堆积使得氯离子造成的。部分凝汽器的泄露，管板之间焊缝的泄露或离子交换器引起的化学反应都能产生氯化物和硫化物等杂质，进而使得变成酸性环境产生点腐蚀。而氧化环境和铜离子的出现，则会使得点腐蚀现象加快。管内壁上污垢的沉积，也会使得化学杂质浓缩进而出现点腐蚀现象。

鉴于压水堆核电站蒸汽发生器传热管失效形式多样，当运行中的蒸汽发生器传热管产生损伤时，只能在现场采取一些补救措施，改善传热管材料的耐腐蚀性能，2005 年，核动力运行研究所总结已应用的消除传热管应力腐蚀的方法，即喷丸和热处理。对蒸汽发生器传热管胀管区表面，特别是胀管过渡区内表面进行喷丸处理，增加该区域的压应力，提高抗应力腐蚀性能。常用的喷丸方法有散射喷丸和旋转喷丸两种。浙江久立特材科技股份有限公司和上海核工程研究设计院联合研究喷丸覆盖率对 800 合金传热管残余应力和抗应力腐蚀开裂性能的影响，研究表明，喷丸处理可显著改变 800 合金传热管的表面形貌和应力状态。随着喷丸覆盖率的增大，管材中的残余应力减小。在 10%NaOH 溶液介质、高温高压环境中经 500 h 应力腐蚀后未喷丸和喷丸覆盖率分别为 30%和 50%的 800 合金传热管试样均发生了应力腐蚀开现象，而喷丸覆盖率为 85%和 95%的试样均未发生应力腐蚀开裂现象，这说明喷丸处理可显著改善 800 合金传热管的抗应力腐蚀开裂性能。

减小胀管区和胀管过渡区应力的方法还有现场局部消除应力处理和整体热处理。局部消除应力热处理是采用电感应加热至 700 ℃的局部热处理。短时间的热处理具有释放管壁应力，提高抗应力腐蚀的能力。将热处理时间延长到 12 h（类似管子制造中的特殊热处理），还能改进材料的微观结构。为了降低 U 形弯头区的应力以减轻一次侧应力腐蚀破裂，法国布热核电站、美国勇士核电站和前南斯拉夫克尔什科核电站的蒸汽发生器对U形小弯头都进行了在役的消除应力热处理。作为消除应力的整体热处理是将整个管板加热到610 ℃以消除传热管的胀管区和胀管过渡区的残余应力和改善金相组织（在晶粒边界析出碳化物）。具体方法是将电加热元件（例如陶瓷加热板）布置于管板及其附近筒体外侧热处理升温降温过程中，当温度到达427 ℃以上时，必须控制升降温速率50 ℃/h当达到热处理温度后开始保温。这种整体热处理的优点是所需时间为几个星期，不需要在高辐照剂量的水室里工作。但不能由于过高的热处理温度，使管子与管板胀接区的胀接力松弛，以及管子与管板焊缝的机械性能下降。

5

蒸汽发生器传热管许可管理

我国目前具备压水堆蒸汽发生器传热管制造能力的单位有3家，能够按照标准以及技术规格书要求进行批量化生产。在进行核安全设备制造许可证申请过程中，需要关注的要求如下所述。

5.1 取证

民用核安全设备制造许可证申请公文：

本节规定了对民用核安全设备制造许可证申请公文进行审查的基本要求。

审查范围

申请公文中应描述其基本发展史：包括成立时间、注册地址、公司地址、公司性质、经营范围、主要业绩、历史沿革、最新年产值、主要资质等；应描述本次申请的活动范围，并辅以业绩说明；应明确申请单位许可证工作的联系人姓名和联系电话。

验收准则

申请单位应依据上述要求进行全面完整的描述。

民用核安全设备制造许可证申请书：

本节规定了对民用核安全设备制造许可证申请书进行审查的基本要求。

审查范围

A. 审查人员应审查《民用核安全设备制造许可证申请书》中所有内容。

B. “与所申请的民用核安全设备类似的主要制造业绩”中“规格参数”一列，应明确热交换器传热管的制造能力特征参数，包括外径、壁厚、材质。

验收准则

A. 申请单位应严格按照HAF601规定的表格形式及上述各条款要求填写《民用核安全设备制造许可证申请书》，内容需填写完整，不得有空白格。

B. 技术人员数量应为各专业人员数量总和。

C. 制造活动业绩应为已交采购方验收完成的业绩。申请单位应具备5年以上和近5年内的民用核设施中非核级同种设备供货业绩，已供货设备的规格应与所申请的目标产品相类似。研究堆、核燃料循环设施后处理厂、境外核动力厂及研究堆的供货业绩由审查人员自行评估判断是否可作为业绩。正在执行的合同，不能作为业绩。

民用核安全设备制造许可证申请活动范围表：

本节规定了对民用核安全设备制造许可证申请活动范围表进行

审查的基本要求。

审查范围

A. 建议的热交换器传热管制造许可证活动范围表格式如下：

设备类别	设备品种	核安全级别	制造能力特征参数			主要关键工艺	制造活动范围及完成形式	活动场所	备注
			外径/mm	壁厚/mm	材质				
管道和管配件	热交换器传热管								主要分包项目：

B.“制造活动范围及完成形式”的具体写法如下：根据设备技术规格书的要求，按照确认的施工图纸和技术条件进行制造直至设备总成，包括完成所有检验和试验项目，提供最终产品及质量证明文件。

C. 对于“主要分包项目”中所列工艺和技术，持证单位必须分包有能力的外单位完成；持证单位具备相应能力后可向国家核安全局提出取消“主要分包项目”中全部或者部分所列工艺和技术。对于在“主要分包项目”中未列出的工艺和技术，持证单位可根据实际需要自行完成也可以分包给有能力的外单位完成。

D.“设备品种”应说明直管、U形管、盘管等传热管形态。

验收准则

申请单位应严格按照上述表格及要求进行填写。“主要关键工艺”一列为《民用核安全机械设备设计和制造活动不能分包的关键工艺和技术》（国核安发〔2016〕211号）中规定的热交换器传热管制造过程中不能分包的关键工艺，包括：最终轧制、矫直、弯制、热处理、水压试验。

单位营业执照复印件：

本节规定了对申请单位商业注册登记证明文件进行审查的基本要求。

审查范围

审评人员应对申请单位的企业法人营业执照或事业单位法人证书进行审查，如有必要，应通过有关工商行政机构网站核实申请单位法人资格的真实性。审评人员应关注申请单位企业法人营业执照或事业单位法人证书上的有关信息，包括申请单位成立时间、注册地址、法人代表、注册资本、注册号、经营范围等。

验收准则

申请单位应持有有效的企业法人营业执照或事业单位法人证书，证明文件应真实有效。

质量保证大纲：

对质量保证大纲的审查要求详见《民用核安全设备设计制造安装和无损检验许可证申请质量保证大纲标准化审查大纲》。

质量保证大纲程序及目录清单：

申请单位应列出与质量保证大纲相配套的全部质量保证大纲程序清单并提供相应程序文件。对质保大纲程序的审查要求参见《民用核安全设备设计制造安装和无损检验许可证申请质量保证大纲标准化审查大纲》。

单位基本情况及主要工作业绩：

本节规定了申请单位提交的基本情况介绍及主要工作业绩进行

审查的基本要求。

审查范围

A. 单位情况概述：申请单位成立时间、从事的主要工作、主要产品、人力资源、设施装备、工作场所、检验试验能力等。

B. 资质情况：说明所取得的有关质量体系证书、制造资格许可证以及其他资质情况，并将有关证书的复印件附于申请文件后。

C. 以往工作成绩（相关或相近的工作业绩）。

“相关工作业绩”是指民用核安全设备设计、制造、安装和无损检验活动申请单位从事过与拟申请的民用核安全设备活动类别和设备类别相同的活动；“相近工作业绩”是指核设施中非核级同种设备或常规工业中相类似设备的活动业绩。

（1）已制造过的有代表性的主要产品业绩清单，清单内容应包括工程项目名称、完成时间、设备类别、设备名称、型号、规格、核安全级别、数量、材料类别、依据标准等内容。

（2）有关产品的获奖情况和用户反馈意见及相关证明材料。

验收准则

申请单位应严格按照上述各项要求对本节内容进行描述；申请单位应具有 5 年前和近 5 年的民用核设施中非核级同种设备供货业绩；业绩证明材料需包括合同、完工报告以及采购方验收证明等文件。申请单位应至少取得 2 家核电工程公司、业主或核设备许可证持证单位的合格供应商资质。

制造能力的有关说明材料：

本节规定了对申请单位制造能力说明材料进行审查的基本要求。

审查范围

A. 厂房条件、起重运输能力与主要加工装备能力的说明：

民用核安全设备制造申请单位应描述所具备的厂房条件、起重运输和主要加工装备的能力；给出主要加工装备清单（型号、规格、工作能力范围、精度等）。

B. 相似产品的制造情况：

民用核安全设备制造申请单位应在以往制造过的产品或项目中，选择产品类型及制造难度与目标产品相似的产品进行描述，说明制造过的相关或相近产品在结构、规格、制造工艺、性能指标、材料等方面与申请目标产品的相似性，并描述其应用于何种工程或项目上，现运行情况如何。

C. 主要技术人员的基本情况和专业配备：

申请单位应从以下两个方面对制造人员情况进行描述：

（1）总体描述：主要技术负责人情况（学历、职称、专业、现从事的工作等）以及技术人员各专业配置人数，主要技术人员的专业配备、能力和经验必须能覆盖所申请从事制造活动的全部技术内容。

（2）人员清单：包括姓名、性别、年龄、职务/职称、毕业学校、学历、参加工作时间、所学专业、现从事专业及年限以及从事过的主要工作经历等。

D. 有关工艺评定及工艺试验准备情况：

（1）现有工艺试验和工艺评定情况。

民用核安全设备制造许可证申请单位应描述在以往产品制造过程中已经进行的各项工艺试验和工艺评定情况，并列出过去所做的工艺评定和工艺试验项目清单，同时提供一份完整的工艺试验和工艺评定报告。

(2) 拟进行的工艺试验和工艺评定。

民用核安全设备制造许可证申请单位应根据所申请的目标产品的制造要求，描述申请单位在目标产品制造活动中计划进行的工艺试验和工艺评定准备情况。

——通过分析所申请制造的典型目标产品的生产工艺流程和采用的工艺方法，分别列出需进行工艺评定和工艺试验的项目清单，并说明目前哪些已完成，哪些尚待进行，预计何时完成。

——列出相应工艺试验和工艺评定所需的专业技术人员和主要操作人员以及进行相应的试验和评定所必需的设备。

——说明上述工艺试验和工艺评定项目以及所具备的相应人员和设备是否满足目标产品的制造需要。

验收准则

A. 申请单位应严格按照上述各项要求对本节内容进行描述。

B. 申请单位需在模拟件制作开展前完成所需工艺试验和工艺评定。

检验与试验能力说明：

本节规定了对申请单位检验与试验能力进行审查的基本要求。

审查范围

A. 主要的检验与试验装备要求：

申请单位应列出计量、理化试验、无损检验等主要检验和试验装备清单（包括设备名称、规格型号、数量、检测能力或范围、检测精度等)。

B. 计量管理要求:

申请单位应对以下内容进行描述:计量工作的负责部门;从事计量工作的人员情况(人数、人员构成、技术水平或工作经验等);申请单位目前计量器具的持有、保养、使用和检定情况;有关人员培训、考核情况。申请单位应列出从事计量工作的人员清单(姓名、性别、年龄、学历、从事的专业、职务职称、相关工作经验),并附计量人员资格证书复印件。

C. 理化检验能力要求:

(1) 申请单位应列出申请的目标产品需做的理化检验项目清单,包括化学分析、机械性能、金相、晶间腐蚀和奥氏体不锈钢中δ铁素体含量等,并说明本单位能完成的项目和资质情况。

(2) 列出从事理化检验工作的人员清单,包括姓名、年龄、专业、学历、职称和从事检验的经历;考核和持证情况,并附理化检验人员的资格证书复印件。

(3) 描述理化检验人员掌握检验方法和标准规范情况。

D. 无损检验能力要求:

申请单位应介绍其无损检验工作的负责部门;描述从事无损检验工作的人员情况;主要设备及各种试块和试片的保存、使用情况;能够执行的规范标准;申请目标产品需做的无损检验项目以及本单位能够进行的无损检验项目,无损检验人员考核、取证情况,需要进行分包的项目及分包单位的资质等。

(1) 列出从事无损检验工作的人员清单(姓名、性别、年龄、学历、从事的专业、相关工作经验、持证情况），并附上有关证件的复印件；列出已制定的无损检验操作规程目录清单。

（2）应承诺按核安全相关法规的要求进行无损检验人员的考核和取证。

验收准则

申请单位应严格按照上述各项要求对本节内容进行描述。

主要关键技术及储备：

本节规定了对申请单位的制造关键技术及储备能力进行审查的基本要求。

审查范围

A. 典型目标产品描述：

申请单位应根据所申请制造的设备品种，从每种产品中选择一种典型目标产品［其结构（复杂度、重量和体积）、材料和制造工艺应具代表性］进行描述，内容包括结构特点、设备简图、型号规格、材料类别以及主要的技术参数和制造工艺流程图。

B. 制造过程中的主要关键技术、解决措施及储备情况：

通过分析所申请制造的典型目标产品的制造工艺流程图，申请单位应描述申请目标产品制造工艺（工序）过程中的关键技术（包括技术难点），针对各项关键技术和难点，结合以往制造的相关或相近产品的制造经验，说明解决技术关键的方案和具体解决措施。

依据《民用核安全机械设备设计和制造活动不能分包的关键工艺和技术》（国核安发〔2016〕211号），核安全1级热交换器传热管制造过程中涉及的关键工艺有锻造、热处理、最终机加工。

验收准则

申请单位应严格按照上述各项要求对本节内容进行描述。制造关键工艺参考国家核安全局发布的《民用核安全机械设备设计和制造活动不能分包的关键工艺和技术》（国核安发〔2016〕211号）。对于各项关键工艺，申请单位应具有成熟的技术储备能力，使用这些技术或工艺制造的热交换器传热管应至少具有5年服役历史并保持良好的质量记录。

有关标准规范的执行能力：

本节规定了对申请单位有关标准规范执行能力进行审查的基本要求。

审查范围

A. 以往工作中执行过的标准、规范：

（1）给出以往执行过的标准、规范目录清单。

（2）描述对这些标准、规范的熟悉程度和在以往工作中这些标准规范的执行情况。

B. 申请的目标产品制造活动中需执行的标准规范清单。列出标准规范清单，所列出的标准规范要满足所申请的设备制造活动。

C. 对民用核安全设备标准规范执行能力的说明：说明所述民用核安全设备标准规范的配备情况、学习情况或相应培训计划，描述对其内容的熟悉程度、消化分析和执行情况等。

验收准则

申请单位应配备与拟从事活动相适应的制造有关标准和规范，应对相关技术人员进行系统培训，确保其熟练掌握标准、规范及相关技术要求。

关键物项采购及分包活动的情况说明：

本节规定了对申请单位关键物项采购及分包活动情况进行审查的基本要求。

审查范围

A. 申请单位应具有能力独立完成《民用核安全机械设备设计和制造活动不能分包的关键工艺和技术》（国核安发〔2016〕211号）规定的核安全1级热交换器传热管制造关键工艺，关键工艺不得分包。

B. 申请单位应描述核1级热交换器传热管制造相关的关键物项采购及分包活动的内容、范围、责任及接口关系等。

C. 申请单位应提交关键物项采购及分包单位与活动有关的技术能力和资质的说明。

验收准则

申请单位应严格按照上述各项要求对本节内容进行描述。对于分包项目，申请单位应严格按照核质量保证大纲要求对分包活动进行有效控制，分包商须为申请单位合格供方，且需具有足够的技术能力来承担分包活动。

其他需要提供的有关必要说明材料：

申请单位申请材料除满足以上内容外，审评人员还应结合申请单位具体情况，对其他必要情况进行审核和确认。

审查范围

A. 核安全文化建设：

申请单位应开展核安全文化建设，促进质量保证体系有效运行，强化质量过程控制，确保民用核安全设备质量和可靠性。

B. 经验反馈。

验收准则

申请单位人员应具备相应的核安全文化素养，员工应具有质疑的工作态度、严谨的工作方法和互相交流的工作习惯，坚决杜绝违法违规和不良作业习惯等“人因”问题。新取证单位一般不要求核电相关经验反馈，虽不作为硬性要求，但是可以要求申请单位予以关注，结合其在其他行业领域的经验反馈，在持证期间加强核级设备经验反馈工作。

以往模拟件制作情况：

模拟件的制作是为了证明申请单位在执行核质量保证前提下，能够按照标准规范要求制作出合格核级产品的能力。本节要求申请单位描述以往热交换器传热管模拟件的制作情况，主要包括制作过的模拟件的主要参数、结构形式、材料类别、制作场所、关键工艺、所进行的检验试验项目及结论等。

模拟件制作方案：

本节规定了申请单位核 1 级热交换器传热管模拟件进行审查的基本要求。申请单位在编制模拟件制作方案时，要充分考虑自身的申请范围、产品规格、制造能力和业绩。

审查范围

A. 选型原则：申请单位的选型原则应包括关键制造工艺与目标产品对比分析，应结合所申请的目标产品的结构特点、规格尺寸、材料类别、关键制造工艺等方面说明所选模拟件具有代表性。

B. 模拟件总体要求：申请单位应对模拟件图纸、结构、材料、尺寸、主要设计参数、技术要求等进行描述。

C. 模拟件制作、检验和试验中执行的规范、标准、技术条件、工艺规程等。

D. 模拟件制作过程中的质量保证总体要求简述。

E. 从事模拟件制作主要人员基本情况。

F. 模拟件制作所涉及的场地、设备情况：包括主要制作设备、检验和试验设备、情节场地等。

G. 模拟件采购控制：包括主要部件采购技术条件和控制方法、分包控制要求等。

H. 模拟件所涉及的工艺评定内容：包括评定项目、评定方法、过程要求、取样方法（包括取样图）及验收要求等。

I. 模拟件制作工艺流程图。

J. 模拟件制作关键过程控制：针对模拟件的锻造、热处理、最终机加工等主要制作过程进行说明。

K. 模拟件的检验和试验：包括检验和试验项目、方法、标准等。

L. 记录要求。

验收准则

A. 模拟件制作应符合民用核安全设备标准或国家核安全局认可的其他标准规范。

B. 申请单位应根据所申请设备类别、核安全级别、制造工艺、材料牌号、结构型式、规格尺寸等，选择有代表性的模拟件。

C. 模拟件材料原则上应与所申请目标产品的材料和（或）标准规范要求的材料一致，模拟件的结构型式、制作工艺、检验和试验要求应与申请制造的主要目标产品一致。

D. 申请单位应根据《核电厂质量保证安全规定》（HAF003）的要求建立完善的质量保证体系，该体系在模拟件制作过程中应得到有效实施。

E. 申请单位应对从事模拟件制作的主要人员基本情况进行列表分析，在经过培训或资格岗位聘任的基础上，对人员进行授权。

F. 申请单位应提交模拟件制作工艺流程图，且工艺流程图的工序应与质量计划的工序相一致。

G. 申请单位应按照质量保证大纲的要求对模拟件制作相关的记录进行控制，规定记录的保存期限，规范记录的填写。

模拟件制作的质量计划：

本节规定了对申请单位模拟件质量计划进行审查的基本要求。

审查范围

质量计划一般应包含以下内容：(1) 项目名称、设备或部件名称、设备采购方、质量计划的文件编码；(2) 设备制造过程中的主要工序及其编号；(3) 每项工序所必须遵循的程序、规程、细则或标准；(4) 制造商、承包商、监理机构及营运单位等相关各方在执行这份质量计划时选取的检查点及见证模式等；(5) 需要形成的记录、报告或其他文件要求。

验收准则

A. 质量计划应严格按照上述要求对本节内容进行描述。

B. 在模拟件制作方案和质量计划经国家核安全局审查认可后，申请单位方可开始模拟件的制作。

C. 在模拟件制作过程中，申请单位提交并经审查认可的质量保证大纲必须得到有效实施，对于模拟件制作过程中发生的不符合项，应上报国家核安全局。

D. 模拟件制作过程中，申请单位应严格履行质量计划，对于国家核安全局选取的“W”和“H”见证点，申请单位应提前7个工作日书面通知国家核安全局，以便进行见证。

E. 申请单位在完成模拟件制作后进行一次内部监查，并形成监查报告，备国家核安全局查阅。

5.2 延　续

本节规定了对民用核安全设备制造许可证延续申请进行审查的基本要求。

民用核安全设备制造许可证申请公文：

审查范围

申请公文中应描述其基本发展史，包括成立时间、注册地址、公司地址、公司性质、经营范围、主要业绩、历史沿革、最新年产值、主要资质等；描述原许可活动范围及有效期、持证期间主要能力变化发情况、核级设备活动业绩、本次申请活动范围、取证工作联系人、联系方式等。

验收准则

申请单位应依据上述要求进行全面完整的描述。

民用核安全设备制造许可证延续申请书：

本节规定了对民用核安全设备制造许可证延续申请书进行审查的基本要求。

审查范围

A. 审查人员应审查《民用核安全机械设备制造许可证延续申请书》中所有内容。

B. “原许可证有效期内所从事的民用核安全设备制造业绩”中“规格参数”一列，应明确热交换器传热管的制造能力特征参数，包括公称通径和材料类别；制造活动业绩应为本持证周期许可活动范围内已交采购方验收完成的业绩。

C. 持证期间的奖惩情况，应明确描述申请单位在本持证周期是否得到过奖励及其原因，是否接受过处罚及其原因。

D. 情况变更说明应对申请单位重要变更情况进行描述，如许可活动范围变更、场地变迁、企业法人变更、单位资质变化等。

验收准则

A. 申请单位应严格按照 HAF601 规定的表格形式及上述审查要求填写《民用核安全设备制造许可证延续申请书》，内容需填写完整，不得有空白格。

B. 申请延续的设备类别、核安全级别应与原许可证书相一致（除已进行变更申请并得到国家核安全局批复的变更，该变更情况应更新在本次申请活动范围内）。

C. 申请单位应具有持证期间的供货业绩。核军工项目、研究堆、核燃料循环设施后处理厂、境外核动力厂及研究堆的供货业绩由审查人员自行评估判断是否可作为业绩。持证期间无完工业绩但签署了正式供货合同或许可证到期时正在开展民用核安全设备活动的单位，经国家核安全局同意后，可在有效期届满后继续完成相关活动；待活动完成并验收合格之后，满足许可证延续要求的可延续相应许可证。

D. 审查人员应关注核安全监管部门、核行业主管部门或业主（采购方）等是否对申请单位进行过处罚，并根据具体情况对申请单位的许可证延续申请进行综合考量。

民用核安全设备制造许可证延续申请活动范围表：

本节规定了对民用核安全机械设备制造许可证申请活动范围表进行审查的基本要求。

审查范围

A. 建议的热交换器传热管制造许可证活动范围表格式如下：

设备类别	设备品种	核安全级别	制造能力特征参数			主要关键工艺	制造活动范围及完成形式	活动场所	备注
			外径/mm	壁厚/mm	材质				
管道和管配件	热交换器传热管								主要分包项目：

B.“制造活动范围及完成形式”的具体写法如下：根据设备技术规格书的要求，按照确认的施工图纸和技术条件进行制造直至设备总成，包括完成所有检验和试验项目，提供最终产品及质量证明文件。

C. 对于“主要分包项目”中所列工艺和技术，申请单位必须分包有能力的外单位完成；申请单位具备相应能力后可向国家核安全局提出取消“主要分包项目”中全部或者部分所列工艺和技术。对于在“主要分包项目”中未列出的工艺和技术，申请单位可根据实际需要自行完成也可以分包给有能力的外单位完成。

验收准则

A. 申请单位应严格按照上述表格及要求进行填写。申请活动范围表内所有信息应与已有许可活动范围表保持一致（除已提交变更申请并得到国家核安全局批复的变更，其余变更情况应更新在本次申请活动范围表内）。

B. 根据《民用核安全机械设备设计和制造活动不能分包的关键工艺和技术》（国核安发〔2016〕211号），热交换器传热管制造过程中不能分包的关键工艺和技术包括锻造、热处理、最终机加工。

原许可证（包括申请活动范围表）复印件：

本节规定了对原许可证（包括申请活动范围表）复印件进行审查的基本要求。

审查范围

原许可证（包括申请活动范围表）复印件。

验收准则

应提供现有制造许可证证书（包括申请活动范围表）彩色扫描件。

原许可证有效期内民用核安全设备制造活动情况：

本节规定了对原许可证有效期内民用核安全设备制造活动情况进行审查的基本要求。

持证期间制造过的民用核安全设备品种、名称和核安全级别。

审查范围

国核安函〔2011〕118号文明确指出："对于核安全设备设计、制造、无损检验的持证单位，持证期间须有原活动范围内相应的活动业绩，并且质量史良好"。审查人员在审查过程中应根据申请单位许可活动范围，抽取其在本持证周期内典型产品业绩进行审查。业绩证明材料应主要包括合同、完工报告以及采购方验收文件等。

验收准则

A. 民用核安全设备许可证持证单位在持证期间须有原活动范围内相应的活动业绩，并且质量史良好。

B. 对于国内持证单位数量不足三家（含三家）的民用核安全设备，许可证延续时，应重点关注相关单位能力维持情况及质量保证体系有效运行情况。

C. 国家重大专项或"卡脖子"的民用核安全设备样机研制活动成功后，可作为续证的业绩。

D. 许可证有效期届满前二十四个月内新增的民用核安全"设备类别"或"设备品种"，在许可证延续时，对新增范围内的民用核安全设备活动业绩不作要求。

E. 核军工项目、研究堆、核燃料循环设施后处理厂、境外核动力厂及研究堆的供货业绩由审查人员自行评估判断是否可作为业绩。

质量保证大纲实施的有效性：

审查范围

HAF601 第二十条规定“民用核安全设备设计、制造、安装和无损检验单位，应当提高核安全意识，建立并有效实施质量保证体系，确保民用核安全设备的质量和可靠性，并接受民用核设施营运单位的检查”；第二十一条规定“民用核安全设备设计、制造、安装和无损检验单位应当按照项目质量保证分大纲的要求，对所有过程进行控制，并对发现的问题进行处理和纠正”。申请单位在制造活动开展过程中应有效运行质量保证体系，确保各制造环节严格受控。

审查人员应对申请单位在文件控制、采购控制、物项控制、工艺过程控制、检查和试验控制、不符合项控制、纠正措施以及记录等方面程序的全面性、适用性以及执行情况进行全面审查，以评估其质量保证体系是否有效实施。

验收准则

质量保证大纲及大纲程序中有关制造活动的控制程序应全面详细，足以覆盖制造工作各个流程，并具有较好的可执行性；制造活动各项工作的开展应严格按照相应大纲程序要求执行。

申请单位在上述各质保要素方面执行情况的验收准则参照《民用核安全设备设计制造安装和无损检验许可证申请质量保证大纲标

准化审查大纲》。

遵守核安全法规和许可证条件的说明：

审查范围

申请单位在进行民用核安全设备活动过程中需遵守报告与备案制度，定期向核安全监管部门进行有关资料的报备，同时在制造活动开展过程中需遵守许可证条件。具体规定如下：

A.《民用核安全设备监督管理条例》第二十三条、HAF601 第二十九条规定，民用核安全设备制造、安装单位，应当在制造、安装活动开始 30 日前，将相关文件报国务院核安全监管部门备案。

B. HAF601 第三十二条规定民用核安全设备制造、安装单位，应当在每季度开始 7 个工作日内，向国务院核安全监管部门提交上一季度活动情况报告。

C.《民用核安全设备监督管理条例》第三十条、HAF601 第三十五条规定，民用核安全设备设计、制造、安装和无损检验单位，应当对所从事的民用核安全设备设计、制造、安装和无损检验活动进行年度评估，并于每年 4 月 1 日前向国务院核安全监管部门提交上一年度的评估报告。

D. 民用核安全设备制造许可证的许可条件：

（a）仅限于从事许可范围规定的民用核安全机械设备设计和制造活动。

（b）严格遵守《民用核安全设备监督管理条例》及其配套规章要求，认真履行报告与备案制度。

（c）持证期间，严格履行申请文件和申请审查中的全部承诺。

(d) 持证期间，有效运行核质量保证体系，积极培育和建设核安全文化。

(e) 在制造活动开始前，完成有关的工艺评定和工艺试验项目。

(f) 民用核安全机械/电气设备设计/制造/安装/无损检验活动由持有效资格证书的人员实施。

申请单位需严格遵守上述报告与备案制度，定期向核安全监管部门进行有关资料的报备，同时在制造活动开展过程中严格遵守许可证条件。审查人员应依据上述报告与备案制度及许可证条件的有关要求，对申请单位项目开工报备、季报、年报工作的时效性、完备性以及制造活动范围、核质保体系运行等方面进行审核。

验收准则

审查人员应依据上述报告与备案制度及许可证条件的有关要求，对申请单位项目开工报备、季报、年报工作的时效性、完备性以及制造活动范围、核质保体系运行等方面进行审核。申请单位需严格遵守上述各项规定。

执行标准情况：

审查范围

申请单位在制造过程中执行的标准规范一般有《中华人民共和国核安全法》《民用核安全设备监督管理条例》、HAF系列、HAD系列等法规条例以及部门规章；ASME标准、RCC-M标准、RCC-E标准、NB标准、EJ标准、GB标准、JB标准等技术规范。

申请单位在制造活动开始前，应对相关技术人员进行标准的宣贯和学习，以保证其对标准规范的执行能力；其制造活动开展过程中执行的标准规范应及时更新版本，以保证其技术准确性。

申请单位应提供核安全1级热交换器传热管制造过程中可执行的标准规范清单及本持证周期其制造活动开展所采用的标准规范清单。申请单位应说明本持证周期，针对可执行的标准规范所开展的培训情况以及制造人员对相关标准规范的掌握情况等。

验收准则

审查人员应查看申请单位持证期间各年度的培训计划、培训开展情况以及培训效果评估等内容。培训计划应得到较好的执行；培训内容应全面详实，涵盖核安全文化、核质保体系、技术标准规范等各方面；评估参培人员对培训内容的掌握程度，应保证较好的培训效果。

制造工艺及过程控制：

审查范围

热交换器传热管制造工艺主要有下料、锻造、锻件尺寸与表面检查、热处理、粗加工、理化检验、无损检验、最终机加工等，申请单位需对各制造工艺过程进行有效质量控制，以保证热交换器传热管产品质量。工艺过程可分为一般工艺过程及特种工艺过程。特种工艺过程指对所达的质量取决于所用的工艺过程，而且不能通过对成品的检查来验证该工艺过程。

申请单位应描述需进行质量控制的工艺过程有哪些，哪些部门负责工艺过程控制以及对工艺过程的控制措施等内容。

验收准则

A. 工艺过程控制一般应包括合格的人员、经审批的作业程序、标定合格的工器具与设备以及标识合格的物项和环境条件，这些控制要素需严格符合有关大纲程序的相关要求。

B. 特种工艺过程应事先完成相应的工艺试验和工艺评定，在试验和评定的基础上形成作业指导文件来指导工艺过程。工艺试验和工艺评定开展过程应严格遵守相关大纲程序要求，已有工艺评定试验项目应能覆盖现有风机产品的制造工艺需求。

C. 质量控制人员监督检查的方式方法和深度可依据不同制造工艺的重要程度而定，一般可采取过程中抽查或连续监视、或按质量计划规定的控制点作监督检查、或对先决条件、加工方法、设备合格性和人员资质的间接监视、或对是否按有关程序、规范标准和图纸实施进行检查、或者直接测量、或者监督检查与间接监视相结合等方式。

检验和试验：

审查范围

热交换器传热管在制造过程中进行的检验主要分为原材料检验、过程检验和成品检验，涉及到的检验项目主要有计量、理化检验（如力学性能、金相检验、化学分析等）和无损检验（如超声检验、目视检验、渗透检验等）。

申请单位应对计量管理、理化检验、无损检验等方面的规程、人员、试验装备的配备和能力以及过程控制措施进行说明。

验收准则

A. 检验和试验须依据已经过审批的检验试验规程进行，规程中应列有设计文件或标准规范中规定的检验和试验要求及验收限值，并包括一些规定，以保证检验和试验的先决条件均已具备，检验和试验是在合适的环境条件下由受过适当训练的人员使用已正确标定的仪表和设备来进行。检验和试验结果必须以文件形式给出并加以评定，以保证满足规定的验收要求。

B. 检验和试验用工具、量具、仪表和其他检查、测量、试验设备和装置均应具有合适的量程、型号、准确度和精度。

C. 为了使准确度保持在要求的限值内，在规定的时间间隔或在使用之前，对影响质量的活动中所使用的试验和测量设备必须进行标定和调整。当发现偏差超出规定限值时，必须对以前测量和试验的有效性进行评价，并重新评定已试验物项的验收。

D. 自行开展无损检验的申请单位配备的核级无损检验人员资质要求详见 HAF602。

特种工艺人员持证说明：

审查范围

自行开展无损检验的申请单位应配备满足 HAF602 要求的、取得相应资质的无损检验人员。申请单位应说明热交换器传热管制造过程中所需的无损检验方法、证书持有情况（包括无损检验方法、等级、证书有效期等）。

验收准则

申请单位从事核安全 1 级热交换器传热管无损检验的人员应持有有效的民用核安全设备无损检验人员资格证书，持证人员的数量和项目应满足核安全 1 级热交换器传热管的无损检验需要。

分包活动：

审查范围

申请单位应提供其合格供方清单，并对其制造过程中需进行的分包项目、分供方及其相关技术能力与资质、对分包项目各承担的责任与范畴、与分供方的接口关系、对分供方的供方评审及复评等情况进行说明。

验收准则

申请单位的制造分包活动应符合《民用核安全机械设备设计和制造活动不能分包的关键技术和工艺（2016年修订）》的要求。

技术部门和质量保证部门应参与采购文件的编制和审核工作，以保证采购文件中有关技术、质保的要求完善，采购文件中一般应注明核安全要求，质保要求，监督和监查要求，不符合项处理方案上报审查要求，应提交文件、记录和报告的要求等；在服务采购前应对供方进行评价，对新供方应作原地评价，技术和质量保证部门需参与供方评审工作以保证供方的技术能力和质保能力符合要求。申请单位需定期对合格供方依据重要程度不同采用适当的方式进行复评工作，以保证其提供服务的能力满足要求。

产品出厂验收意见：

所有产品出厂前均应经过各工序检验和试验，并根据有关规定报工程公司、业主或核设备许可证持证单位验证，由工程公司、业主或核设备许可证持证单位出具相应的验收意见才能出厂。申请单位应提交本持证周期已供货产品的验收意见，审查人员应关注各项目的验收结论，并据此判断申请单位拟从事活动的制造能力及质保体系运转情况。

与核级产品相关的新技术及新工艺开发研究：

新技术和新工艺的开发研究是一个企业技术能力提升的重要指标，申请单位应对其在本持证周期所开展的与核级产品相关的新技术和新工艺的开发研究工作进行说明，需包括开发的时间节点、开发内容、取得的技术成果以及应用情况等内容。

重大不符合项描述、纠正措施及后续行动：

审查范围

依据《民用核安全设备制造阶段不符合项监督管理要求》，不符合项是指性能、文件或程序方面的缺陷，因而使某一物项的质量变得不可接受或不能确定。不符合项管理是指由核电厂运营单位、核岛工程总承包单位、核岛设计单位以及民用核安全设备制造许可证持证单位进行的不符合项的发现、识别、标识、隔离、报告、审查、处理、关闭、原因分析及纠正措施、经验反馈等活动。

申请单位在产品制造过程中需能及时发现不符合项，并对其进行有效管理，查明起因、及时处理并采取防止其再次发生的纠正措施。

验收准则

申请单位应描述本持证周期内在制造过程中产生的重大不符合项情况，包括产生的原因、所造成的影响，采取的预防和纠正措施，结果如何等。

对于严重有损质量的、多次发生的不符合项、核安全监管部门各类检查中提出的纠正要求、管理部门审查中提出的纠正要求、监督或监查中提出的纠正要求、不符合项报告中提出的纠正要求、质量趋势分析中提出的纠正要求等，申请单位应进行深入的根本原因分析，并采取有效的纠正和预防措施。

针对原因提出的纠正和预防措施方案，应视情况提交监督单位、本单位领导与监督部门和有关部门进行审查和批准，按批准方案切实做好实施记录，由监督单位以及本单位质保部门对实施情况进行跟踪监督或评价，确认切实执行完毕后关闭该不符合项。

原许可证有效期内产品质量奖惩情况：

本节规定了对原许可证有效期内产品质量奖惩情况进行审查的基本要求。

奖励事项及级别：申请单位应对其在本持证周期内所受到的奖励情况进行介绍，包括时间、原因、进行嘉奖的机构以及奖励级别。

惩罚事项：申请单位应对其在本持证周期内所受到的惩罚情况进行描述，包括时间、原因和进行惩罚的机构、处罚类别等。

审查人员应根据申请单位所受奖惩情况，结合其对热交换器传热管产品制造活动及对申请单位产生的影响进行综合评估。

原许可证有效期内变更说明：

本节规定了对原许可证有效期内变更情况进行审查的基本要求。

审查范围

申请单位应说明在本持证周期其组织机构是否发生了变化，发生变化的原因，组织机构的变化对后续民用核安全设备制造活动产生的影响等情况。

验收准则

组织机构应保持相对稳定，才能较为有序地组织生产活动，一定范围内的组织机构调整是允许的，但是重新设置后的组织机构应满足核质量保证法规的要求，即各个组织机构应分工明确，各质保要素均能得到有效落实。组织机构的变化应及时准确地体现到质量保证大纲及有关程序文件中。无论组织机构怎样变化，其质量保证部门需始终能够向级别足够高的管理部门上报，以保证其必需的权利和足够的组织独立性，包括不受经费和进度约束的权力。

质量保证大纲及质量保证大纲程序：

审查范围

申请单位应说明本持证周期其质量保证大纲及大纲程序的变化情况，需包括修订及升版原因、进行变更的主要章节及内容等。

验收准则

申请单位组织机构变化、各部门职责变化、管理部门审查和内部监查发现的整改问题；核行业主管部门、核安全监管部门或采购方等外单位进行监督检查提出的整改要求等，若有必要，需及时在质量保证大纲及大纲程序中对相关内容做出修订及升版，以保证质量保证大纲及大纲程序的适用性。

技术人员总数和主要技术人员变化及培训情况：

审查范围

申请单位应对本持证周期总的在册人员数量、制造人员数量、涉核制造人员数量的变化情况进行说明；对主要技术负责人的变化及现负责人的工作经验等情况进行说明；制造人员接受的有关制造技术标准规范、质量保证体系及核安全文化等方面的培训情况进行说明。

验收准则

对制造人员开展的有关制造标准规范、质量保证体系及核安全文化等方面的培训应足以保证制造人员的制造能力，保证核质量保证体系能够在制造工作中有效运转、制造工作得到有效控制；申请单位从事民用核安全设备制造活动的人员在数量及能力方面应保持稳定，自行开展无损检验的申请单位，其核级无损检验人员数量需满足 HAF602 的有关要求。

特种工艺人员：

审查范围

自行开展特种工艺（主要为无损检验）的申请单位，应对其在本持证周期内的特种工艺人员（主要为无损检验人员）的数量变化情况进行说明，包括持证人员数量、持证项目和证书等级等的变化情况。

验收准则

自行开展无损检验活动的申请单位，其从事核安全 1 级热交换器传热管无损检验的人员应持有有效的民用核安全设备无损检验人员资格证书，持证人员的数量、项目及级别应满足核安全 1 级热交换器传热管的无损检验需要。

厂房条件和主要制造装备：

审查范围

申请单位应对本持证周期其厂房条件和主要制造装备的变化情况进行说明。厂房主要包括生产车间、库房、检验和试验场地等，制造装备主要包括生产设备、理化检验设备、无损检验设备、起吊运输设备等。

验收准则

申请单位的厂房条件及制造装备配置情况应总体保持平稳，能够满足民用核安全设备的制造需求。

主要检验设备和仪器：

申请单位应对本持证周期其主要检测设备和仪器的变化情况进行说明。检测设备和仪器主要指计量器具，申请单位应配备与拟从事活动相适应的计量器具，如测量几何尺寸、角度、粗糙度、形位公差、温度、流量、压力、振动、噪声等所用器具，以满足热交换器传热管制造过程中的检测需求。对计量器具自行开展检定工作的申请单位，还应配备相应的标准计量器具。

资质情况：

申请单位应对本持证周期其主要资质的变化情况进行说明，该资质不仅限于核能行业，而是能体现申请单位能力水平的各个方面。

审查人员应了解申请单位本持证周期各项资质的变化缘由，并判断其变化是否对民用核安全1级热交换器传热管制造活动产生不利或有利的影响。

其他有关情况，例如单位性质、名称、住所、面积等：

本持证周期，申请单位若有其他比较重要的变化情况应在此处进行说明，如单位性质、名称、住所、面积等。

审查人员应注意这些变化情况对其从事民用核安全1级热交换器传热管制造活动产生影响的重要程度，审查这些变化情况是否需向国家核安全局进行报备以及相关报备情况。

5.3 变 更

本节针对变更设备品种、需要制作模拟件的许可证变更申请规定了审查的基本要求。

民用核安全设备制造许可证申请公文：

本节规定了对民用核安全设备制造许可证申请公文进行审查的基本要求。

审查范围

申请公文中应描述其基本发展史：包括成立时间、注册地址、公司地址、公司性质、经营范围、主要业绩、历史沿革、最新年产值、主要资质等；应描述本次申请的活动范围，并辅以业绩说明；应明确申请单位许可证工作的联系人姓名和联系电话。

验收准则

申请单位应依据上述要求进行全面完整的描述。

民用核安全设备制造许可证申请书：

本节规定了对民用核安全设备制造许可证申请书进行审查的基本要求。

审查范围

A. 审查人员应审查《民用核安全设备制造许可证申请书》中所有内容。

B. “与所申请的民用核安全设备类似的主要制造业绩”中“规

格参数”一列，应明确热交换器传热管的制造能力特征参数，包括外径、壁厚、材质。

验收准则

A. 申请单位应严格按照 HAF601 规定的表格形式及上述各条款要求填写《民用核安全设备制造许可证申请书》，内容需填写完整，不得有空白格。

B. 技术人员数量应为各专业人员数量总和。

C. 制造活动业绩应为已交采购方验收完成的业绩。申请单位应具备五年以上及近五年内的民用核设施中非核级同种设备供货业绩，已供货设备的规格应与所申请的目标产品相类似。研究堆、核燃料循环设施后处理厂、境外核动力厂及研究堆的供货业绩由审查人员自行评估判断是否可作为业绩。正在执行的合同，不能作为业绩。

民用核安全设备制造许可证申请活动范围表：

本节规定了对民用核安全设备制造许可证申请活动范围表进行审查的基本要求。

审查范围

A. 建议的热交换器传热管制造许可证活动范围表格式如下：

设备类别	设备品种	核安全级别	制造能力特征参数			主要关键工艺	制造活动范围及完成形式	活动场所	备注
			外径/mm	壁厚/mm	材质				
管道和管配件	热交换器传热管								主要分包项目：

B.“制造活动范围及完成形式”的具体写法如下：根据设备技术规格书的要求，按照确认的施工图纸和技术条件进行制造直至设备总成，包括完成所有检验和试验项目，提供最终产品及质量证明文件。

C. 对于“主要分包项目”中所列工艺和技术，持证单位必须分包有能力的外单位完成；持证单位具备相应能力后可向国家核安全局提出取消“主要分包项目”中全部或者部分所列工艺和技术。对于在“主要分包项目”中未列出的工艺和技术，持证单位可根据实际需要自行完成也可以分包给有能力的外单位完成。

D.“设备品种”应说明直管、U形管、盘管等传热管形态。

验收准则

申请单位应严格按照上述表格及要求进行填写。“主要关键工艺”一列为《民用核安全机械设备设计和制造活动不能分包的关键工艺和技术》（国核安发〔2016〕211号）中规定的热交换器传热管制造过程中不能分包的关键工艺，包括：最终轧制、矫直、弯制、热处理、水压试验。

单位营业执照复印件：

本节规定了对申请单位商业注册登记证明文件进行审查的基本要求。

审查范围

审评人员应对申请单位的企业法人营业执照或事业单位法人证书进行审查，如有必要，应通过有关工商行政机构网站核实申请单位法人资格的真实性。审评人员应关注申请单位企业法人营业执照或事业单位法人证书上的有关信息，包括申请单位成立时间、注册地址、法人代表、注册资本、注册号、经营范围等。

验收准则

申请单位应持有有效的企业法人营业执照或事业单位法人证书，证明文件应真实有效。

质量保证大纲：

对质量保证大纲的审查要求详见《民用核安全设备设计制造安装和无损检验许可证申请质量保证大纲标准化审查大纲》。

质量保证大纲程序及目录清单：

申请单位应列出与质量保证大纲相配套的全部质量保证大纲程序清单并提供相应程序文件。对质保大纲程序的审查要求参见《民用核安全设备设计制造安装和无损检验许可证申请质量保证大纲标准化审查大纲》。

单位基本情况及主要工作业绩：

本节规定了申请单位提交的基本情况介绍及主要工作业绩进行审查的基本要求。

审查范围

A. 单位情况概述：申请单位成立时间、从事的主要工作、主要产品、人力资源、设施装备、工作场所、检验试验能力等。

B. 资质情况：说明所取得的有关质量体系证书、制造资格许可证以及其他资质情况，并将有关证书的复印件附于申请文件后。

C. 以往工作成绩（相关或相近的工作业绩）：

“相关工作业绩”是指民用核安全设备设计、制造、安装和无损检验活动申请单位从事过与拟申请的民用核安全设备活动类别和设备类别相同的活动；“相近工作业绩”是指核设施中非核级同种设备或常规工业中相类似设备的活动业绩。

（1）已制造过的有代表性的主要产品业绩清单，清单内容应包括工程项目名称、完成时间、设备类别、设备名称、型号、规格、核安全级别、数量、材料类别、依据标准等内容。

（2）有关产品的获奖情况和用户反馈意见及相关证明材料。

验收准则

申请单位应严格按照上述各项要求对本节内容进行描述；申请单位应具有5年前和近5年的民用核设施中非核级同种设备供货业绩；业绩证明材料需包括合同、完工报告以及采购方验收证明等文件。申请单位应至少取得2家核电工程公司、业主或核设备许可证持证单位的合格供应商资质。

制造能力的有关说明材料：

本节规定了对申请单位制造能力说明材料进行审查的基本要求。

审查范围

A. 厂房条件、起重运输能力与主要加工装备能力的说明：

民用核安全设备制造申请单位应描述所具备的厂房条件、起重运输和主要加工装备的能力；给出主要加工装备清单（型号、规格、工作能力范围、精度等）。

B. 相似产品的制造情况：

民用核安全设备制造申请单位应在以往制造过的产品或项目

中，选择产品类型及制造难度与目标产品相似的产品进行描述，说明制造过的相关或相近产品在结构、规格、制造工艺、性能指标、材料等方面与申请目标产品的相似性，并描述其应用于何种工程或项目上，现运行情况如何。

C. 主要技术人员的基本情况和专业配备：

申请单位应从以下两个方面对制造人员情况进行描述：

(1) 总体描述：主要技术负责人情况（学历、职称、专业、现从事的工作等）以及技术人员各专业配置人数，主要技术人员的专业配备、能力和经验必须能覆盖所申请从事制造活动的全部技术内容。

(2) 人员清单：包括姓名、性别、年龄、职务/职称、毕业学校、学历、参加工作时间、所学专业、现从事专业及年限以及从事过的主要工作经历等。

D. 有关工艺评定及工艺试验准备情况：

(1) 现有工艺试验和工艺评定情况。

民用核安全设备制造许可证申请单位应描述在以往产品制造过程中已经进行的各项工艺试验和工艺评定情况，并列出过去所做的工艺评定和工艺试验项目清单，同时提供一份完整的工艺试验和工艺评定报告。

(2) 拟进行的工艺试验和工艺评定。

民用核安全设备制造许可证申请单位应根据所申请的目标产品的制造要求，描述申请单位在目标产品制造活动中计划进行的工艺试验和工艺评定准备情况。

——通过分析所申请制造的典型目标产品的生产工艺流程和采用的工艺方法，分别列出需进行工艺评定和工艺试验的项目清单，并说明目前哪些已完成，哪些尚待进行，预计何时完成。

——列出相应工艺试验和工艺评定所需的专业技术人员和主要操作人员以及进行相应的试验和评定所必需的设备。

——说明上述工艺试验和工艺评定项目以及所具备的相应人员和设备是否满足目标产品的制造需要。

验收准则

A. 申请单位应严格按照上述各项要求对本节内容进行描述。

B. 申请单位需在模拟件制作开展前完成所需工艺试验和工艺评定。

检验与试验能力说明：

本节规定了对申请单位检验与试验能力进行审查的基本要求。

审查范围

A. 主要的检验与试验装备要求：

申请单位应列出计量、理化试验、无损检验等主要检验和试验装备清单（包括设备名称、规格型号、数量、检测能力或范围、检测精度等）。

B. 计量管理要求：

申请单位应对以下内容进行描述：计量工作的负责部门；从事计量工作的人员情况（人数、人员构成、技术水平或工作经验等）；申请单位目前计量器具的持有、保养、使用和检定情况；有关人员培训、考核情况。申请单位应列出从事计量工作的人员清单（姓名、性别、年龄、学历、从事的专业、职务职称、相关工作经验），并附计量人员资格证书复印件。

C. 理化检验能力要求：

(1) 申请单位应列出申请的目标产品需做的理化检验项目清单，包括化学分析、机械性能、金相、晶间腐蚀和奥氏体不锈钢中δ铁素体含量等，并说明本单位能完成的项目和资质情况。

(2) 列出从事理化检验工作的人员清单，包括姓名、年龄、专业、学历、职称和从事检验的经历；考核和持证情况，并附理化检验人员的资格证书复印件。

(3) 描述理化检验人员掌握检验方法和标准规范情况。

D. 无损检验能力要求：

申请单位应介绍其无损检验工作的负责部门；描述从事无损检验工作的人员情况；主要设备及各种试块和试片的保存、使用情况；能够执行的规范标准；申请目标产品需做的无损检验项目以及本单位能够进行的无损检验项目，无损检验人员考核、取证情况，需要进行分包的项目及分包单位的资质等。

(1) 列出从事无损检验工作的人员清单（姓名、性别、年龄、学历、从事的专业、相关工作经验、持证情况），并附上有关证件的复印件；列出已制定的无损检验操作规程目录清单。

(2) 应承诺按核安全相关法规的要求进行无损检验人员的考核和取证。

验收准则

申请单位应严格按照上述各项要求对本节内容进行描述。

主要关键技术及储备：

本节规定了对申请单位的制造关键技术及储备能力进行审查的基本要求。

审查范围

A. 典型目标产品描述：

申请单位应根据所申请制造的设备品种，从每种产品中选择一种典型目标产品［其结构（复杂度、重量和体积）、材料和制造工艺应具代表性］进行描述，内容包括结构特点、设备简图、型号规格、材料类别以及主要的技术参数和制造工艺流程图。

B. 制造过程中的主要关键技术、解决措施及储备情况：

通过分析所申请制造的典型目标产品的制造工艺流程图，申请单位应描述申请目标产品制造工艺（工序）过程中的关键技术（包括技术难点），针对各项关键技术和难点，结合以往制造的相关或相近产品的制造经验，说明解决技术关键的方案和具体解决措施。

依据《民用核安全机械设备设计和制造活动不能分包的关键工艺和技术》（国核安发〔2016〕211号），核安全1级热交换器传热管制造过程中涉及的关键工艺有锻造、热处理、最终机加工。

验收准则

申请单位应严格按照上述各项要求对本节内容进行描述。制造关键工艺参考国家核安全局发布的《民用核安全机械设备设计和制造活动不能分包的关键工艺和技术》（国核安发〔2016〕211号）。对于各项关键工艺，申请单位应具有成熟的技术储备能力，使用这些技术或工艺制造的热交换器传热管应至少具有5年服役历史并保持良好的质量记录。

有关标准规范的执行能力：

本节规定了对申请单位有关标准规范执行能力进行审查的基本要求。

审查范围

A. 以往工作中执行过的标准、规范：

(1) 给出以往执行过的标准、规范目录清单。

(2) 描述对这些标准、规范的熟悉程度和在以往工作中这些标准规范的执行情况。

B. 申请的目标产品制造活动中需执行的标准规范清单。列出标准规范清单，所列出的标准规范要满足所申请的设备制造活动。

C. 对民用核安全设备标准规范执行能力的说明：说明所述民用核安全设备标准规范的配备情况、学习情况或相应培训计划，描述对其内容的熟悉程度、消化分析和执行情况等。

验收准则

申请单位应配备与拟从事活动相适应的制造有关标准和规范，应对相关技术人员进行系统培训，确保其熟练掌握标准、规范及相关技术要求。

关键物项采购及分包活动的情况说明：

本节规定了对申请单位关键物项采购及分包活动情况进行审查的基本要求。

审查范围

A. 申请单位应具有能力独立完成《民用核安全机械设备设计

和制造活动不能分包的关键工艺和技术》（国核安发〔2016〕211号）规定的核安全1级热交换器传热管制造关键工艺，关键工艺不得分包。

B. 申请单位应描述核1级热交换器传热管制造相关的关键物项采购及分包活动的内容、范围、责任及接口关系等。

C. 申请单位应提交关键物项采购及分包单位与活动有关的技术能力和资质的说明。

验收准则

申请单位应严格按照上述各项要求对本节内容进行描述。对于分包项目，申请单位应严格按照核质量保证大纲要求对分包活动进行有效控制，分包商须为申请单位合格供方，且需具有足够的技术能力来承担分包活动。

其他需要提供的有关必要说明材料：

申请单位申请材料除满足以上内容外，审评人员还应结合申请单位具体情况，对其他必要情况进行审核和确认。

审查范围

A. 核安全文化建设。

申请单位应开展核安全文化建设，促进质量保证体系有效运行，强化质量过程控制，确保民用核安全设备质量和可靠性。

B. 经验反馈。

验收准则

申请单位人员应具备相应的核安全文化素养，员工应具有质疑的工作态度、严谨的工作方法和互相交流的工作习惯，坚决杜绝违法违规和不良作业习惯等“人因”问题。新取证单位一般不要求核电相关经验反馈，虽不作为硬性要求，但是可以要求申请单位予以关注，结合其在其他行业领域的经验反馈，在持证期间加强核级设备经验反馈工作。

以往模拟件制作情况：

模拟件的制作是为了证明申请单位在执行核质量保证前提下，能够按照标准规范要求制作出合格核级产品的能力。本节要求申请单位描述以往热交换器传热管模拟件的制作情况，主要包括制作过的模拟件的主要参数、结构形式、材料类别、制作场所、关键工艺、所进行的检验试验项目及结论等。

模拟件制作方案：

本节规定了申请单位核1级热交换器传热管模拟件进行审查的基本要求。申请单位在编制模拟件制作方案时，要充分考虑自身的申请范围、产品规格、制造能力和业绩。

审查范围

A. 选型原则：申请单位的选型原则应包括关键制造工艺与目标产品对比分析，应结合所申请的目标产品的结构特点、规格尺寸、材料类别、关键制造工艺等方面说明所选模拟件具有代表性。

B. 模拟件总体要求：申请单位应对模拟件图纸、结构、材料、尺寸、主要设计参数、技术要求等进行描述。

C. 模拟件制作、检验和试验中执行的规范、标准、技术条件、工艺规程等。

D. 模拟件制作过程中的质量保证总体要求简述。

E. 从事模拟件制作主要人员基本情况。

F. 模拟件制作所涉及的场地、设备情况：包括主要制作设备、检验和试验设备、情节场地等。

G. 模拟件采购控制：包括主要部件采购技术条件和控制方法、分包控制要求等。

H. 模拟件所涉及的工艺评定内容：包括评定项目、评定方法、过程要求、取样方法（包括取样图）及验收要求等。

I. 模拟件制作工艺流程图。

J. 模拟件制作关键过程控制：针对模拟件的锻造、热处理、最终机加工等主要制作过程进行说明。

K. 模拟件的检验和试验：包括检验和试验项目、方法、标准等。

L. 记录要求。

验收准则

A. 模拟件制作应符合民用核安全设备标准或国家核安全局认可的其他标准规范。

B. 申请单位应根据所申请设备类别、核安全级别、制造工艺、材料牌号、结构型式、规格尺寸等，选择有代表性的模拟件。

C. 模拟件材料原则上应与所申请目标产品的材料和（或）标准规范要求的材料一致，模拟件的结构型式、制作工艺、检验和试验要求应与申请制造的主要目标产品一致。

D. 申请单位应根据《核电厂质量保证安全规定》（HAF003）的要求建立完善的质量保证体系，该体系在模拟件制作过程中应得到有效实施。

E. 申请单位应对从事模拟件制作的主要人员基本情况进行列表分析，在经过培训或资格岗位聘任的基础上，对人员进行授权。

F. 申请单位应提交模拟件制作工艺流程图，且工艺流程图的工序应与质量计划的工序相一致。

G. 申请单位应按照质量保证大纲的要求对模拟件制作相关的记录进行控制，规定记录的保存期限，规范记录的填写。

模拟件制作的质量计划：

本节规定了对申请单位模拟件质量计划进行审查的基本要求。

审查范围

质量计划一般应包含以下内容：(1) 项目名称、设备或部件名称、设备采购方、质量计划的文件编码；(2) 设备制造过程中的主要工序及其编号；(3) 每项工序所必须遵循的程序、规程、细则或标准；(4) 制造商、承包商、监理机构及营运单位等相关各方在执行这份质量计划时选取的检查点及见证模式等；(5) 需要形成的记录、报告或其他文件要求。

验收准则

A. 质量计划应严格按照上述要求对本节内容进行描述。

B. 在模拟件制作方案和质量计划经国家核安全局审查认可后，申请单位方可开始模拟件的制作。

C. 在模拟件制作过程中，申请单位提交并经审查认可的质量保证大纲必须得到有效实施，对于模拟件制作过程中发生的不符合项，应上报国家核安全局。

D. 模拟件制作过程中，申请单位应严格履行质量计划，对于国家核安全局选取的“W”和“H”见证点，申请单位应提前 7 个工作日书面通知国家核安全局，以便进行见证。

E. 申请单位在完成模拟件制作后进行一次内部监查，并形成监查报告，备国家核安全局查阅。

参考文献

[1] 孙华. 核电蒸汽发生器用 690 和 800 合金传热管腐蚀性能研究 [D]. 上海：上海交通大学，2012.

[2] 赵卓. 压水反应堆蒸汽发生器传热管材料进展 [J]. 科教文汇，2017 (8)：181-185.

[3] 丁训慎. 核电厂蒸汽发生器传热管与管堵头的一次侧应力腐蚀及其防护 [J]. 核安全，2008 (2)：30-34.

[4] 张红斌，李守军，胡尧和，等. 国外关于蒸汽发生器传热管用 Inconel690 合金研究现状 [J]. 特钢技术，2003，8 (4)：2-11.

[5] 江双. 核电站蒸汽发生器传热管的应力分析 [D]. 华北电力大学，2015.

[6] 罗垚，但体纯，施慧烈，等. 国产 690TT 合金 U 形管弯管区性能测定 [J]. 理化检验（物理分册），2022，58 (7)：13-17.

[7] 孙华. 核电蒸汽发生器用 690 和 800 合金传热管腐蚀性能研究 [D]. 上海：上海交通大学，2012.

[8] 徐勇. 核电蒸汽发生器传热管材料的应力腐蚀研究现状 [J]. 科

技与创新，2017（21）：70-71.

[9] 柳星辰. 蒸汽发生器用690TT合金传热管高温高压水中的微动腐蚀行为研究 [D]. 合肥：中国科学技术大学，2019.

[10] 丁训慎. 核电站消除蒸汽发生器传热管应力腐蚀的方法 [J]. 设备管理与维修，2005（7）：27-28.